Les Sujets Nathan

98 BAC corrigés

Maths

obligatoire S

Dominique Besnard
Philippe Lixi

Professeurs en Terminale

> 10 sujets complets de bac corrigés

La première partie regroupe tous les sujets de la série S (obligatoire) posés en juin 97 et septembre 96 en France métropolitaine, ainsi qu'une large sélection de sujets posés dans les DOM-TOM et les centres étrangers.

> 2 sujets de concours corrigés

La deuxième partie de l'ouvrage propose les corrigés de deux sujets de concours d'écoles d'ingénieurs (FESIC et GEIPI) .

> Des compléments pratiques

Au début de chaque sujet, un encadré précise les notions abordées dans les différents exercices.

Un barême indicatif est précisé en marge du texte.

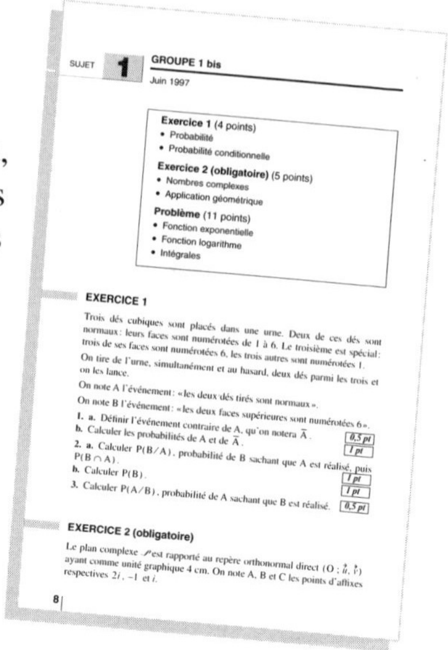
SUJET 1 GROUPE 1 bis

Juin 1997

Exercice 1 (4 points)
- Probabilité
- Probabilité conditionnelle

Exercice 2 (obligatoire) (5 points)
- Nombres complexes
- Application géométrique

Problème (11 points)
- Fonction exponentielle
- Fonction logarithme
- Intégrales

EXERCICE 1

Trois dés cubiques sont placés dans une urne. Deux de ces dés sont normaux : leurs faces sont numérotées de 1 à 6. Le troisième est spécial : trois de ses faces sont numérotées 6, les trois autres sont numérotées 1.

On tire de l'urne, simultanément et au hasard, deux dés parmi les trois et on les lance.

On note A l'événement : «les deux dés tirés sont normaux».

On note B l'événement : «les deux faces supérieures sont numérotées 6».

1. a. Définir l'événement contraire de A, qu'on notera $\overline{A}$. 0,5 pt
b. Calculer les probabilités de A et de $\overline{A}$. 1 pt
2. a. Calculer $P(B/A)$, probabilité de B sachant que A est réalisé, puis $P(B \cap A)$. 1 pt
b. Calculer $P(B)$. 1 pt
3. Calculer $P(A/B)$, probabilité de A sachant que B est réalisé. 0,5 pt

EXERCICE 2 (obligatoire)

Le plan complexe $\mathscr{P}$ est rapporté au repère orthonormal direct $(O ; \vec{u}, \vec{v})$ ayant comme unité graphique 4 cm. On note A, B et C les points d'affixes respectives $2i$, -1 et i.

8

Maquette intérieure : Thierry Méléard • Couverture : Noémi Adda, Christine Paquereau-Le Masle
Édition : Marc Sayag, Katia Bourdelet • Fabrication : Jacques Lannoy, Virginie Legrand
I.S.B.N. : 2-09-181756-2 •

> Des corrigés complets et détaillés

Chaque sujet est suivi d'un corrigé très détaillé, où toutes les étapes des calculs sont données. Souvent, plusieurs solutions sont proposées.

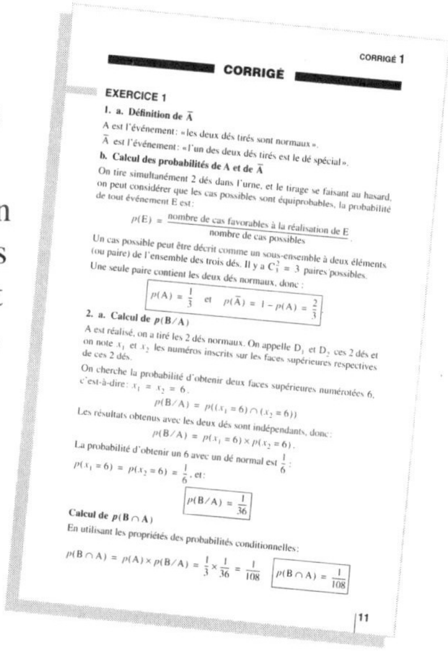

CORRIGÉ 1

CORRIGÉ

EXERCICE 1

1. a. Définition de $\bar{A}$

A est l'événement : « les deux dés tirés sont normaux ».
$\bar{A}$ est l'événement : « l'un des deux dés tirés est le dé spécial ».

b. Calcul des probabilités de A et de $\bar{A}$

On tire simultanément 2 dés dans l'urne, et le tirage se faisant au hasard, on peut considérer que les cas possibles sont équiprobables, la probabilité de tout événement E est :

$$p(E) = \frac{\text{nombre de cas favorables à la réalisation de E}}{\text{nombre de cas possibles}}.$$

Un cas possible peut être décrit comme un sous-ensemble à deux éléments (ou paire) de l'ensemble des trois dés. Il y a $C_3^2 = 3$ paires possibles.
Une seule paire contient les deux dés normaux, donc :

$$p(A) = \frac{1}{3} \quad \text{et} \quad p(\bar{A}) = 1 - p(A) = \frac{2}{3}$$

2. a. Calcul de $p(B/A)$

A est réalisé, on a tiré les 2 dés normaux. On appelle D_1 et D_2 ces 2 dés et on note x_1 et x_2 les numéros inscrits sur les faces supérieures respectives de ces 2 dés.
On cherche la probabilité d'obtenir deux faces supérieures numérotées 6, c'est-à-dire : $x_1 = x_2 = 6$.

$$p(B/A) = p((x_1 = 6) \cap (x_2 = 6))$$

Les résultats obtenus avec les deux dés sont indépendants, donc :

$$p(B/A) = p(x_1 = 6) \times p(x_2 = 6).$$

La probabilité d'obtenir un 6 avec un dé normal est $\frac{1}{6}$:
$p(x_1 = 6) = p(x_2 = 6) = \frac{1}{6}$, et :

$$p(B/A) = \frac{1}{36}$$

Calcul de $p(B \cap A)$

En utilisant les propriétés des probabilités conditionnelles :

$$p(B \cap A) = p(A) \times p(B/A) = \frac{1}{3} \times \frac{1}{36} = \frac{1}{108} \qquad p(B \cap A) = \frac{1}{108}$$

11

ET EN PLUS...

> En début d'ouvrage :

- un tableau thématique, pour trouver rapidement des exercices sur une question particulière du programme ;
- une description de l'épreuve de mathématiques au bac ;
- des conseils pratiques.

> En fin d'ouvrage :

- le formulaire officiel du baccalauréat.

SOMMAIRE

Regroupements académiques

Groupe 1 bis : Amiens, Lille, Paris, Créteil, Versailles, Rouen, Aix-Marseille, Montpellier, Nice-Corse, Toulouse

Groupe 2 bis : Bordeaux, Clermont-Ferrand, Limoges, Orléans-Tours, Rennes, Nantes, Besançon, Dijon, Grenoble, Lyon, Nancy-Metz, Reims, Strasbourg

TABLEAU THÉMATIQUE

THÈMES		N° DU SUJET ET NATURE
ANALYSE	Suites	2 E_1 ; 2 P ; 3 P ; 4 P ; 5 E_1 ; 5 P ; 6 P ; 7 P ; 8 P ; 9 P ; 10 P.
	Fonction logarithme	1 P ; 2 P ; 3 P ; 5 P ; 6 P ; 7 P.
	Fonction exponentielle	1 P ; 4 P ; 7 P ; 8 P ; 9 P ; 10 P.
	Résolution de $f(x) = \lambda \quad \lambda \in \mathbb{R}$	2 P ; 4 P ; 7 P ; 8 P.
	Calcul intégral	1 P ; 2 P ; 3 P ; 5 P ; 6 P ; 9 P ; 10 P.
	Calcul d'aire	1 P ; 2 P ; 3 P ; 5 P ; 6 P ; 9 P ; 10 P.
	Inégalité des accroissements finis	2 P ; 4 P ; 5 P ; 7 P ; 8 P.
	Équations différentielles	5 E_2 ; 8 P.
NOMBRES COMPLEXES	Forme algébrique et trigonométrique des nombres complexes	1 E_2 ; 4 E_1 ; 6 E_2 ; 7 E_2 ; 10 E_2.
	Interprétation géométrique des nombres complexes	1 E_2 ; 2 E_2 ; 3 E_2 ; 4 E_1 ; 6 E_2 ; 7 E_2 ; 8 E_2 ; 9 E_2 ; 10 E_2.
PROBABILITÉS	Probabilité	1 E_1 ; 2 E_1 ; 3 E_1 ; 4 E_2 ; 5 E_1 ; 6 E_1 ; 7 E_1 ; 8 E_1.
	Probabilité conditionnelle	1 E_1 ; 5 E_1 ; 8 E_1 ; 9 E_1.
	Schéma de Bernoulli	4 E_2 ; 9 E_1.
	Variable aléatoire	3 E_1 ; 6 E_1 ; 7 E_1 ; 8 E_1 ; 9 E_1 ; 10 E_1.
GÉOMÉTRIE	Barycentre	2 E_2 ; 3 E_2.

E_1 : Exercice 1, E_2 : Exercice 2, P : Problème

CONSEILS PRATIQUES

L'ÉPREUVE ÉCRITE AU BACCALAURÉAT

Le texte de l'épreuve de mathématiques comporte deux exercices et un problème indépendants les uns des autres. Le barème des points attribués au problème et aux exercices est indiqué sur le sujet. Il doit respecter les limites suivantes : de 8 à 12 points pour le problème, de 4 à 6 points pour chaque exercice.
L'épreuve écrite de mathématiques en série S a une durée de quatre heures et porte sur le programme obligatoire.
Le coefficient de l'épreuve est égal à 7.

CONSEILS POUR CONSTRUIRE UN DEVOIR DE MATHÉMATIQUES

I. Au début de l'épreuve

- Lisez lentement **tout** l'énoncé.
- Déterminez le temps maximum que vous devez employer pour traiter, rédiger et relire chaque exercice et le problèm
du barème.
- Commencez par l'exercice qui vous paraît « le plus facile ».

II. Pendant l'épreuve

- Cherchez d'abord les questions au brouillon. Si vous terminez l'exercice, recopiez-le. Si vous n'arrivez pas à résoudre une question, relisez une fois votre brouillon, si tout vous paraît juste, commencez la rédaction ; la « mise au propre », en faisant ressortir les résultats obtenus dans les premières questions, vous aidera à trouver la suite.
- Si vous n'arrivez pas à démontrer un résultat donné dans l'énoncé, laissez un blanc dans votre copie, et continuez votre exercice ou votre problème.
- N'oubliez pas qu'une réponse doit être justifiée.

III. Présentation de votre copie

- Séparez les questions, encadrez ou soulignez les résultats ; respectez les notations du texte.

- N'abusez pas des effaceurs et des correcteurs, la copie devient parfois illisible.
- Les représentations graphiques sont faites sur du papier millimétré fourni par l'administration. Si les unités ne sont pas précisées dans le texte, bien les choisir ainsi que la place de l'origine sur la feuille. N'oubliez pas que les tangentes aident à faire un meilleur graphique.
- Les dessins des exercices de géométrie doivent comporter tous les points nécessaires à la compréhension de vos démonstrations.

SUJET **1**

GROUPE 1 bis

Juin 1997

Exercice 1 (4 points)
- Probabilité
- Probabilité conditionnelle

Exercice 2 (obligatoire) (5 points)
- Nombres complexes
- Application géométrique

Problème (11 points)
- Fonction exponentielle
- Fonction logarithme
- Intégrales

EXERCICE 1

Trois dés cubiques sont placés dans une urne. Deux de ces dés sont normaux : leurs faces sont numérotées de 1 à 6. Le troisième est spécial : trois de ses faces sont numérotées 6, les trois autres sont numérotées 1.

On tire de l'urne, simultanément et au hasard, deux dés parmi les trois et on les lance.

On note A l'événement : «les deux dés tirés sont normaux».

On note B l'événement : «les deux faces supérieures sont numérotées 6».

1. a. Définir l'événement contraire de A, qu'on notera $\overline{A}$. *0,5 pt*
b. Calculer les probabilités de A et de $\overline{A}$. *1 pt*

2. a. Calculer $P(B/A)$, probabilité de B sachant que A est réalisé, puis $P(B \cap A)$. *1 pt*
b. Calculer $P(B)$. *1 pt*

3. Calculer $P(A/B)$, probabilité de A sachant que B est réalisé. *0,5 pt*

EXERCICE 2 (obligatoire)

Le plan complexe $\mathscr{P}$ est rapporté au repère orthonormal direct $(O ; \vec{u}, \vec{v})$ ayant comme unité graphique 4 cm. On note A, B et C les points d'affixes respectives $2i$, -1 et i.

On considère l'application f de $\mathscr{P}-\{A\}$ dans $\mathscr{P}$ qui, à tout point M de $\mathscr{P}-\{A\}$ d'affixe z, associe le point M' d'affixe z' telle que:

$$z' = \frac{z+1}{z-2i}.$$

1. a. Faire une figure que l'on complétera au cours de l'exercice. *1 pt*

b. Déterminer l'affixe du point C' image de C. Quelle est la nature du quadrilatère $ACBC'$? *1 pt*

c. Montrer que le point C admet un unique antécédent par f que l'on notera C''. Quelle est la nature du triangle BCC'' ? *1 pt*

2. Donner une interprétation géométrique de l'argument et du module de z'. *0,5 pt*

3. Déterminer, en utilisant la question précédente, quels sont les ensembles suivants:

a. L'ensemble E_a des points M dont les images par f ont pour affixe un nombre réel strictement négatif. *0,5 pt*

b. L'ensemble E_b des points M dont les images par f ont pour affixe un nombre imaginaire pur non nul. *0,5 pt*

c. L'ensemble E_c des points M dont les images appartiennent au cercle de centre O et de rayon 1. *0,5 pt*

PROBLÈME

Partie A

Soit la fonction φ définie dans $\mathbb{R}$ par $\varphi(x) = e^x + x + 1$.

1. Étudier le sens de variation de φ et ses limites en $+\infty$ et $-\infty$. *0,75 pt*

2. Monter que l'équation $\varphi(x) = 0$ a une solution et une seule α et que l'on a: $-1{,}28 < \alpha < -1{,}27$. *0,75 pt*

3. En déduire le signe de $\varphi(x)$ sur $\mathbb{R}$. *0,25 pt*

Partie B

Soit la fonction f définie sur $\mathbb{R}$ par: $f(x) = \dfrac{xe^x}{e^x+1}$ et (C) sa courbe représentative dans un repère orthonormal $(O ; \vec{i}, \vec{j})$ du plan (unité graphique: 4 cm).

1. Montrer que: $f'(x) = \dfrac{e^x\varphi(x)}{(e^x+1)^2}$. En déduire le sens de variation de f. *0,5 pt*

2. Montrer que $f(\alpha) = \alpha + 1$ et en déduire un encadrement de $f(\alpha)$. **0,75 pt**

3. Soit T la tangente à (C) au point d'abscisse 0. Donner une équation de T et étudier la position de (C) par rapport à T. **1 pt**

4. Chercher les limites de f en $+\infty$ et $-\infty$.

Démontrer que la droite D d'équation $y = x$ est asymptote à (C) et étudier la position de (C) par rapport à D. **2 pts**

5. Faire le tableau de variation de f. **0,5 pt**

6. Tracer sur un même dessin (C), T et D. La figure demandée fera apparaître les points de (C) dont les abscisses appartiennent à $[-2, 4]$. **1 pt**

Partie C

On considère la fonction g, définie sur $[0, 1]$ par:

$$g(x) = \ln(1 + e^x).$$

On note (L) la courbe représentative de g dans le repère $(O ; \vec{i}, \vec{j})$, I le point défini par $\overrightarrow{OI} = \vec{i}$, A le point d'abscisse 0 de (L) et B son point d'abscisse 1.

1. Étudier brièvement les variations de g. **0,25 pt**

2. Donner une équation de la tangente en A à (L). **0,5 pt**

3. On note P l'intersection de cette tangente avec le segment [IB].

Calculer les aires des trapèzes OIPA et OIBA. **1 pt**

4. On admet que la courbe (L) est située entre les segments [AP] et [AB]. Montrer alors que:

$$\ln 2 + \frac{1}{4} \leqslant \int_0^1 g(x)\mathrm{d}x \leqslant \ln\sqrt{2(1+e)}.$$ **0,25 pt**

5. Au moyen d'une intégration par parties, justifier que:

$$\int_0^1 f(x)\mathrm{d}x = \ln(1+e) - \int_0^1 g(x)\mathrm{d}x.$$ **1 pt**

6. En déduire un encadrement de $\int_0^1 f(x)\mathrm{d}x$. **0,5 pt**

CORRIGÉ

EXERCICE 1

1. a. Définition de $\overline{A}$

A est l'événement: «les deux dés tirés sont normaux».

$\overline{A}$ est l'événement: «l'un des deux dés tirés est le dé spécial».

b. Calcul des probabilités de A et de $\overline{A}$

On tire simultanément 2 dés dans l'urne, et le tirage se faisant au hasard, on peut considérer que les cas possibles sont équiprobables, la probabilité de tout événement E est:

$$p(E) = \frac{\text{nombre de cas favorables à la réalisation de E}}{\text{nombre de cas possibles}}.$$

Un cas possible peut être décrit comme un sous-ensemble à deux éléments (ou paire) de l'ensemble des trois dés. Il y a $C_3^2 = 3$ paires possibles.

Une seule paire contient les deux dés normaux, donc :

$$\boxed{p(A) = \frac{1}{3} \quad \text{et} \quad p(\overline{A}) = 1 - p(A) = \frac{2}{3}}.$$

2. a. Calcul de $p(B/A)$

A est réalisé, on a tiré les 2 dés normaux. On appelle D_1 et D_2 ces 2 dés et on note x_1 et x_2 les numéros inscrits sur les faces supérieures respectives de ces 2 dés.

On cherche la probabilité d'obtenir deux faces supérieures numérotées 6, c'est-à-dire: $x_1 = x_2 = 6$.

$$p(B/A) = p((x_1 = 6) \cap (x_2 = 6))$$

Les résultats obtenus avec les deux dés sont indépendants, donc:

$$p(B/A) = p(x_1 = 6) \times p(x_2 = 6).$$

La probabilité d'obtenir un 6 avec un dé normal est $\frac{1}{6}$:

$p(x_1 = 6) = p(x_2 = 6) = \frac{1}{6}$, et:

$$\boxed{p(B/A) = \frac{1}{36}}$$

Calcul de $p(B \cap A)$

En utilisant les propriétés des probabilités conditionnelles:

$$p(B \cap A) = p(A) \times p(B/A) = \frac{1}{3} \times \frac{1}{36} = \frac{1}{108} \qquad \boxed{p(B \cap A) = \frac{1}{108}}$$

b. Calcul de $p(\mathrm{B})$

A et $\overline{\mathrm{A}}$ forment une partition de l'ensemble des cas possibles, en appliquant le théorème des probabilités totales, on a:

$$p(\mathrm{B}) = p(\mathrm{B} \cap \mathrm{A}) + p(\mathrm{B} \cap \overline{\mathrm{A}}) = p(\mathrm{A}) \times p(\mathrm{B}/\mathrm{A}) + p(\overline{\mathrm{A}}) \times p(\mathrm{B}/\overline{\mathrm{A}})$$

On calcule $p(\mathrm{B}/\overline{\mathrm{A}})$: $\overline{\mathrm{A}}$ est réalisé: on a tiré le dé spécial noté Δ_1 et un dé normal noté Δ_2.

On note y_1 et y_2 les numéros inscrits sur les faces supérieures respectives de Δ_1 et Δ_2 et on suit le même raisonnement que précédemment.

$p(\mathrm{B}/\overline{\mathrm{A}}) = p((y_1 = 6) \cap (y_2 = 6)) = p(y_1 = 6) \times p(y_2 = 6)$ (par indépendance).

Le dé spécial a trois faces marquées 1 et trois faces marquées 6, la probabilité d'obtenir 6 avec ce dé est $\frac{3}{6} = \frac{1}{2}$.

$$p(\mathrm{B}/\overline{\mathrm{A}}) = \frac{1}{2} \times \frac{1}{6} \text{ et } p(\mathrm{B} \cap \overline{\mathrm{A}}) = p(\overline{\mathrm{A}}) \times p(\mathrm{B}/\overline{\mathrm{A}}) = \frac{2}{3} \times \frac{1}{12} = \frac{1}{18}$$

$$p(\mathrm{B}) = p(\mathrm{B} \cap \mathrm{A}) + p(\mathrm{B} \cap \overline{\mathrm{A}}) = \frac{1}{108} + \frac{1}{18} = \frac{1}{6 \times 18} + \frac{1}{18} = \frac{7}{108}$$

$$\boxed{p(\mathrm{B}) = \frac{7}{108}}$$

3. Calcul de $p(\mathrm{A}/\mathrm{B})$

$$p(\mathrm{A}/\mathrm{B}) = \frac{p(\mathrm{A} \cap \mathrm{B})}{p(\mathrm{B})} = \frac{1}{108} \times \frac{108}{7} = \frac{1}{7} \qquad \boxed{p(\mathrm{A}/\mathrm{B}) = \frac{1}{7}}$$

EXERCICE 2

1. a. Figure (voir figure p. 15)

Tout point M d'affixe $z = x + yi$ a pour couple de coordonnées (x, y).

On place les points $\mathrm{A}(0, 2)$, $\mathrm{B}(-1, 0)$ et $\mathrm{C}(0, 1)$.

b. Calcul de l'affixe de C′

On note z_{C} l'affixe du point C et $z_{\mathrm{C'}}$ celle de C′.

C′ est l'image de C par f si et seulement si $z_{\mathrm{C'}} = \dfrac{z_{\mathrm{C}} + 1}{z_{\mathrm{C}} - 2i}$.

$z_{\mathrm{C}} = i$, donc : $z_{\mathrm{C'}} = \dfrac{i+1}{-i} = i(i+1) = -1 + i$

(car: $i^2 = -1$ et $\frac{1}{i} = -i$).

$$\boxed{z_{C'} = -1 + i}$$

Nature du quadrilatère ACBC′

Il semble que ce soit un parallélogramme, vérifions-le.

Le vecteur $\overrightarrow{AC}$ a pour affixe $z_C - z_A = i - 2i = -i$.

Le vecteur $\overrightarrow{C'B}$ a pour affixe $z_B - z_{C'} = -1 - (-1 + i) = -i$.

Les deux vecteurs, ayant la même affixe, sont égaux : $\overrightarrow{AC} = \overrightarrow{C'B}$ et :

$$\boxed{\text{ACBC}' \text{ est un parallélogramme.}}$$

c. Antécédents de C par *f*

M est un antécédent de C par *f* si et seulement si $f(\text{M}) = \text{C}$.

M a pour affixe z, C a pour affixe i.

$f(\text{M}) = \text{C}$ si et seulement si pour tout z de $\mathbb{C} - \{2i\}$ $\frac{z+1}{z-2i} = i$

$$z + 1 = i(z - 2i)$$

$$z(1 - i) = 2 - 1$$

$$z = \frac{1}{1-i} = \frac{1+i}{(1-i)(1+i)} = \frac{1+i}{2}.$$

$$\boxed{\text{C a pour unique antécédent par } f \text{ le point C}'' \text{ d'affixe } \frac{1+i}{2}}$$

Nature du triangle BCC″

Ce triangle semble rectangle en C. Vérifions-le.

Le vecteur $\overrightarrow{BC}$ a pour affixe $z_C - z_B = i + 1$ et pour coordonnées (1, 1).

Le vecteur $\overrightarrow{CC''}$ a pour affixe $z_{C''} - z_C = \frac{1+i}{2} - i = \frac{1-i}{2}$ et pour coordonnées $\left(\frac{1}{2}, -\frac{1}{2}\right)$.

Le produit scalaire $\overrightarrow{BC} \cdot \overrightarrow{CC''}$ est égal à : $1 \times \frac{1}{2} + 1 \times \left(-\frac{1}{2}\right) = 0$.

Les deux vecteurs sont non nuls, le produit scalaire étant nul, les deux vecteurs sont orthogonaux et :

$$\boxed{\text{Le triangle BCC}'' \text{ est rectangle en C.}}$$

2. Interprétation géométrique du module et de l'argument de z'

$$z' = \frac{z+1}{z-2i} = \frac{z_M - z_B}{z_M - z_A}$$

$(z_M - z_B)$ est l'affixe du vecteur $\overrightarrow{BM}$, ce complexe a pour module la distance BM et, lorsque B est distinct de M, pour argument l'angle $(\vec{u}, \overrightarrow{BM})$.

De même $(z_M - z_A)$, affixe de $\overrightarrow{AM}$, a pour module AM et, lorsque $M \neq A$, pour argument $(\vec{u}, \overrightarrow{AM})$.

Le module d'un quotient est le quotient des modules et, s'il existe, l'argument d'un quotient est la différence des arguments, donc :

$$|z'| = \frac{|z_M - z_B|}{|z_M - z_A|} = \frac{BM}{AM} \text{ et}$$

$$\arg(z') = (\vec{u}, \overrightarrow{BM}) - (\vec{u}, \overrightarrow{AM}) = (\overrightarrow{AM}, \overrightarrow{BM}).$$

> Pour tout M distinct de A, $|z'| = \dfrac{BM}{AM}$
>
> Pour tout M distinct de A et B, $\arg(z') = (\overrightarrow{AM}, \overrightarrow{BM}) + 2k\pi$.

a. Détermination de E_a

E_a est l'ensemble des points M pour lesquels z' est un réel strictement négatif.

z' est un réel strictement négatif si et seulement si l'argument de z' est l'angle plat noté *p*.

$M \in E_a$ si et seulement si $(\overrightarrow{AM}, \overrightarrow{BM}) = p$
si et seulement si A, M et B sont alignés dans cet ordre
si et seulement si $M \in]AB[$

> E_a est le segment ouvert]AB[

b. Détermination de E_b

E_b est l'ensemble des points M pour lesquels z' est un imaginaire pur non nul.

z' est un imaginaire pur non nul si et seulement si z' a pour argument un angle droit, c'est-à-dire :

$M \in E_b$ si et seulement si $(\overrightarrow{AM}, \overrightarrow{BM})$ est droit.

> E_b est le cercle de diamètre [A B] privé de A et B.

c. Détermination de E_c

E_c est l'ensemble des points M pour lesquels M′ appartient au cercle de centre O de rayon 1.

$M \in E_c$ si et seulement si $OM' = 1$

si et seulement si $|z'| = 1$

si et seulement si $\dfrac{AM}{BM} = 1$

si et seulement si $AM = BM$

E_c est la médiatrice de [AC].

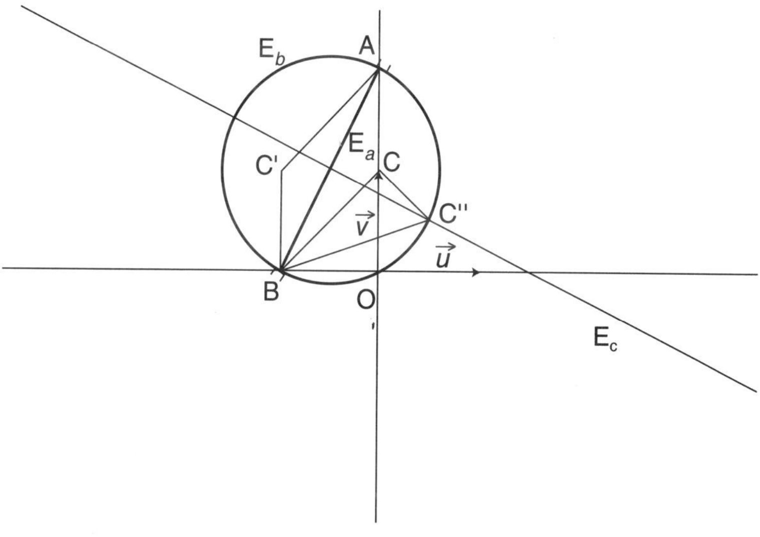

PROBLÈME

Partie A

1. Sens de variation de φ

φ étant somme de la fonction affine $(x \mapsto x + 1)$ et de la fonction exponentielle, toutes deux dérivables sur ℝ, est dérivable sur ℝ.

Pour tout réel x, $\varphi'(x) = e^x + 1$.

Pour tout réel x, $e^x > 0$ donc $\varphi'(x) > 0$.

φ est strictement croissante sur ℝ.

Limites de φ en +∞ et –∞

$\lim_{x \to +\infty} e^x = +\infty$ et $\lim_{x \to +\infty} (x+1) = +\infty$, donc $\boxed{\lim_{x \to +\infty} \varphi(x) = +\infty}$

$\lim_{x \to -\infty} e^x = 0$ et $\lim_{x \to -\infty} (x+1) = -\infty$, donc $\boxed{\lim_{x \to -\infty} \varphi(x) = -\infty}$

2. Résolution de l'équation $\varphi(x) = 0$

φ étant dérivable et strictement croissante sur ℝ, établit une bijection de ℝ sur $\varphi(\mathbb{R})$.

$= \left] \lim_{x \to -\infty} \varphi(x), \lim_{x \to +\infty} \varphi(x) \right[$.

Pour tout réel *y*, en particulier $y = 0$, l'équation $\varphi(x) = y$ a une solution unique dans ℝ.

$\boxed{\text{L'équation } \varphi(x) = 0 \text{ a une solution unique dans } \mathbb{R}\text{, notée } \alpha.}$

Encadrement de α

$\varphi(-1{,}28) \approx -0{,}002$ et $\varphi(-1{,}27) \approx 0{,}01$.

Donc $\varphi(-1{,}28) < \varphi(\alpha) < \varphi(-1{,}27)$.

φ étant strictement croissante sur ℝ, on en déduit:

$\boxed{-1{,}28 < \alpha < -1{,}27}$.

3. Signe de $\varphi(x)$

φ étant strictement croissante sur ℝ et $\varphi(\alpha)$ étant nul, on a:

Si $x < \alpha$, $\varphi(x) < \varphi(\alpha)$ soit $\varphi(x) < 0$.

Si $x > \alpha$, $\varphi(x) > \varphi(\alpha)$ soit $\varphi(x) > 0$.

$\boxed{\begin{array}{l} \varphi \text{ est strictement positive sur }]\alpha, +\infty[\\ \text{et strictement négative sur }]-\infty, \alpha[. \end{array}}$

Partie B

1. Dérivée de *f*

On pose $u(x) = xe^x$ et $v(x) = e^x + 1$.

u, produit de deux fonctions dérivables sur ℝ, et *v*, somme de deux fonctions dérivables sur ℝ, sont dérivables sur ℝ. De plus, *v* ne s'annule pas sur ℝ ;

donc $f = \frac{u}{v}$ est dérivable sur ℝ et $f' = \frac{u'v - uv'}{v^2}$.

Pour tout réel *x*,

$$f'(x) = \frac{(e^x + xe^x)(e^x + 1) - xe^x \cdot e^x}{(e^x + 1)^2} = \frac{e^x(e^x + xe^x + 1 + x - xe^x)}{(e^x + 1)^2}.$$

$$\boxed{\text{Pour tout réel } x,\ f'(x) = \frac{e^x \cdot \varphi(x)}{(e^x+1)^2}}.$$

Sens de variation de f

Il est donné par le signe de f' donc par le signe de φ puisque pour tout réel x, $\dfrac{e^x}{(e^x+1)^2} > 0$.

$$\boxed{f \text{ décroît strictement sur }]-\infty, \alpha[\text{ et croît strictement sur }]\alpha, +\infty[}.$$

2. Calcul de $f(\alpha)$ en fonction de α

$\varphi(\alpha) = 0$ équivaut à $e^\alpha = -1-\alpha$

$$f(\alpha) = \frac{ae^\alpha}{e^\alpha+1} = \frac{\alpha(-1-\alpha)}{(-1-\alpha+1)} = \alpha+1 \qquad \boxed{f(\alpha) = \alpha+1}$$

Encadrement de $f(\alpha)$

$-1{,}28 < \alpha < -1{,}27$, donc : $-0{,}28 < 1+\alpha < -0{,}27$.

$$\boxed{-0{,}28 < f(\alpha) < -0{,}27.}$$

3. Équation de T

T a pour équation:

$$y = f'(0)(x-0)+f(0) = \frac{e^0 \cdot \varphi(0)}{(e^0+1)^2} \cdot x + 0 = \frac{2}{2^2} \cdot x.$$

$$\boxed{\text{T a pour équation : } y = \frac{1}{2}x}$$

Position de (C) par rapport à T

Elle est donnée par le signe de $\left(f(x) - \frac{1}{2}x\right)$ lorsque x décrit $\mathbb{R}$.

$$f(x) - \frac{1}{2}x = \frac{xe^x}{e^x+1} - \frac{1}{2}x = \frac{2xe^x - x(e^x+1)}{2(e^x+1)}$$

$$\left(f(x) - \frac{1}{2}\right)x = \frac{x(e^x-1)}{2(e^x+1)}$$

On fait un tableau de signes, sachant que:

$e^x - 1 > 0$ équivaut à $e^x > e^0$ et à $x > 0$, la fonction exponentielle étant strictement croissante sur $\mathbb{R}$.

x	$-\infty$			0		$+\infty$
x		$-$		0	$+$	
$e^x - 1$		$-$		0	$+$	
$2(e^x + 1)$		$+$			$+$	
$f(x) - \frac{1}{2}x$		$+$		0	$+$	

Pour tout réel x, $f(x) - \frac{1}{2}x \geqslant 0$.

(C) est au-dessus de T.

4. Limites de f en $+\infty$ et en $-\infty$

$$f(x) = \frac{xe^x}{e^x\left(1 + \frac{1}{e^x}\right)} = \frac{x}{\left(1 + \frac{1}{e^x}\right)}.$$

$\lim\limits_{x \to +\infty} \frac{1}{e^x} = 0$, donc : $\lim\limits_{x \to +\infty}\left(1 + \frac{1}{e^x}\right) = 1$ et $\boxed{\lim\limits_{x \to +\infty} f(x) = +\infty}$.

$$f(x) = \frac{xe^x}{e^x + 1}.$$

On sait que $\lim\limits_{x \to -\infty} e^x = \lim\limits_{x \to -\infty} xe^x = 0$, donc : $\boxed{\lim\limits_{x \to -\infty} f(x) = 0}$.

La droite d'équation $y = 0$ est asymptote à (C) en $-\infty$.

D asymptote à (C)

D d'équation $y = x$ est asymptote à (C) en $+\infty$ si et seulement si $\lim\limits_{x \to +\infty} (f(x) - x) = 0$. Pour tout réel x strictement positif :

$$f(x) - x = x\left(\frac{e^x}{e^x + 1} - 1\right) = \frac{-x}{e^x + 1} = -\frac{1}{\frac{e^x}{x} + \frac{1}{x}}.$$

$\lim\limits_{x \to +\infty}\left(\frac{e^x}{x}\right) = +\infty$ et $\lim\limits_{x \to +\infty}\left(\frac{1}{x}\right) = 0$, donc : $\lim\limits_{x \to +\infty} (f(x) - x) = 0$.

D est asymptote à (C).

Position de D par rapport à (C)

Elle est donnée par le signe de $(f(x) - x)$ lorsque x décrit $\mathbb{R}$, c'est-à-dire par le signe de $(-x)$.

Si $x > 0$, $f(x) - x < 0$. (C) est au-dessous de D.

Si $x < 0$, $f(x) - x > 0$. (C) est au-dessus de D.

(C) et D ont le point O en commun.

5. Tableau de variations de *f*

x	$-\infty$		α		$+\infty$
$f'(x)$		$-$	0	$+$	
$f(x)$	0	↘	$\alpha + 1$	↗	$+\infty$

6. Figure

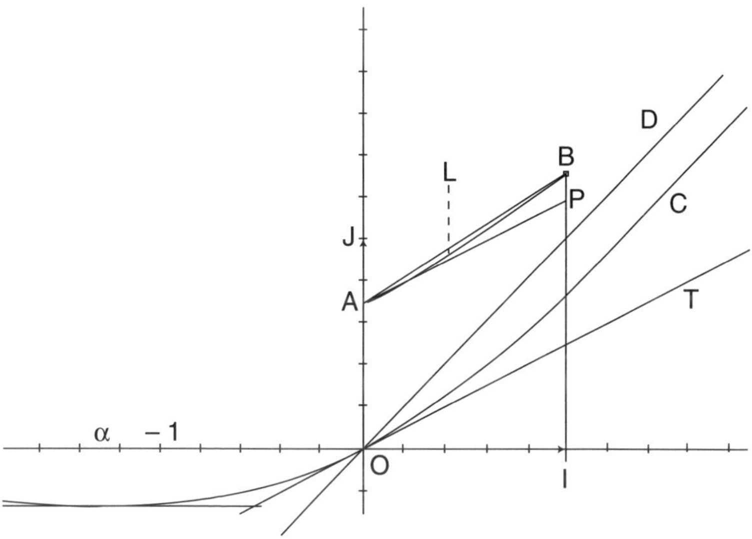

Partie C

1. Variations de *g*

On pose $u(x) = 1 + e^x$, alors $g = \ln u$.

u étant dérivable et strictement positive sur [0, 1], g est dérivable sur [0, 1] et $g' = \frac{u'}{u}$.

Pour tout x de [0, 1], $g'(x) = \frac{u'(x)}{u(x)} = \frac{e^x}{1+e^x}$, et $g'(x) > 0$.

g est strictement croissante sur [0, 1].

2. Équation de la tangente en A à (L)

Une équation de cette tangente, notée T′, est:

$$y = g'(0)(x-0) + g(0) = \frac{1}{2}x + \ln 2.$$

T′ a pour équation $y = \frac{1}{2}x + \ln 2$.

3. Aire du trapèze OIPA

La droite (OI) est la droite d'équation $x = 1$. Le point P appartenant à (OI) et à T′, est le point d'abscisse 1 de T′. Son ordonnée est: $y_P = \frac{1}{2} + \ln 2$. (On a: $y_P \approx 1{,}193$.)

A et B sont les points d'abscisses 0 et 1 de (L).
B a pour ordonnée $y_B = g(1) = \ln(1+e)$. (On a: $y_B \approx 1{,}313$.)
A a pour ordonnée $y_A = g(0) = \ln(2)$. (On a: $y_A \approx 0{,}693$.)
L'aire d'un trapèze est le produit de sa hauteur par la demi-somme de ses bases.

L'aire du trapèze OIPA est: $\mathscr{A}_1 = \text{OI} \times \frac{(\text{OA} + \text{IP})}{2} = 1 \times \frac{(y_A + y_P)}{2}$.

$$\boxed{\mathscr{A}_1 = \ln 2 + \frac{1}{4}}.$$

Aire du trapèze OIBA

De même, l'aire du trapèze OIBA est:

$$\mathscr{A}_2 = \text{OI} \times \frac{(\text{OA} + \text{IB})}{2} = \frac{(y_A + y_B)}{2}$$

$$\mathscr{A}_2 = \frac{\ln 2 + \ln(1+e)}{2} = \frac{1}{2} \times \ln(2(1+e)) = \ln\sqrt{2(1+e)}.$$

$$\boxed{\mathscr{A}_2 = \ln\sqrt{2(1+e)}}.$$

4. Encadrement de $\int_0^1 g(x)\mathrm{d}x$

La fonction g étant continue et positive sur [0, 1], l'aire en unités d'aire, notée $\mathscr{A}$, de l'ensemble des points du plan compris entre l'axe des abscisses, la courbe (L) et les droites d'équation $x = 0$ et $x = 1$ est l'intégrale $\int_0^1 g(x)\mathrm{d}x$.

L'axe des abscisses est (OI), les droites d'équation $x = 0$ et $x = 1$ sont les droites (OA) et (IB) et l'on admet que (L) est comprise entre [PA] et [AB].

L'aire $\mathscr{A}$ est comprise entre les aires des trapèzes OIPA et OIBA.

$$\boxed{\mathscr{A}_1 \leqslant \mathscr{A} \leqslant \mathscr{A}_2, \quad \text{soit : } \quad \ln 2 + \frac{1}{4} \leqslant \int_0^1 g(x)\mathrm{d}x \leqslant \ln\sqrt{2(1+e)}.}$$

5. Intégration par parties

On pose $\mathrm{J} = \int_0^1 f(x)\mathrm{d}x$.

$$\mathrm{J} = \int_0^1 \frac{xe^x}{1+e^x}\mathrm{d}x = \int_0^1 x \cdot g'(x)\mathrm{d}x.$$

On pose: $u'(x) = g'(x)$ et $v(x) = x$.

D'où: $u(x) = g(x)$ et $v'(x) = 1$.

u' et v' sont continues sur [0, 1], on fait une intégration par parties.

$$\mathrm{J} = [u(x)v(x)]_0^1 - \int_0^1 u(x) \cdot v'(x)\mathrm{d}x$$

$$\mathrm{J} = [x \cdot g(x)]_0^1 - \int_0^1 g(x)\mathrm{d}x = \ln(1+e) - \int_0^1 g(x)\mathrm{d}x.$$

$$\boxed{\int_0^1 f(x)\mathrm{d}x = \ln(1+e) - \int_0^1 g(x)\mathrm{d}x.}$$

6. Encadrement de $\int_0^1 f(x)\mathrm{d}x$

Puisque $\mathscr{A}_1 \leqslant \int_0^1 g(x)\mathrm{d}x \leqslant \mathscr{A}_2$, $\quad -\mathscr{A}_2 \leqslant -\int_0^1 g(x)\mathrm{d}x \leqslant -\mathscr{A}_1$

et, en ajoutant $\ln(1+e)$,

$$\ln(1+e) - \mathscr{A}_2 \leqslant \int_0^1 f(x)\mathrm{d}x \leqslant \ln(1+e) - \mathscr{A}_1$$

$$\ln(1+e) - \mathscr{A}_2 = \ln(1+e) - \frac{\ln 2 + \ln(1+e)}{2} = \frac{\ln(1+e) - \ln 2}{2}$$

$$= \ln\sqrt{\frac{1+e}{2}}$$

$$\boxed{\ln\sqrt{\frac{1+e}{2}} \leqslant \int_0^1 f(x)\mathrm{d}x \leqslant \ln\left(\frac{1+e}{2}\right) - \frac{1}{4}}$$

Remarque

0,310 est une valeur approchée par défaut de $\ln\sqrt{\frac{1+e}{2}}$ à 10^{-3} près.

0,371 est une valeur approchée par excès de $\left(\ln\left(\frac{1+e}{2}\right) - \frac{1}{4}\right)$ à 10^{-3} près.

SUJET **2**

GROUPE 2 bis

Juin 1997

Exercice 1 (4 points)
- Probabilité
- Suite

Exercice 2 (obligatoire) (5 points)
- Nombres complexes
- Application géométrique

Problème (11 points)
- Fonction logarithme
- Intégrale
- Inégalités des accroissements finis
- Suites

EXERCICE 1

Une urne contient deux boules blanches et quatre boules noires. Ces six boules sont indiscernables au toucher.

1. On effectue quatre tirages successifs d'une boule sans remise.

a. Calculer la probabilité de tirer dans l'ordre une boule noire, une boule noire, une boule noire et une boule blanche. *0,5 pt*

b. Calculer la probabilité de tirer une seule boule blanche au cours de ces quatre tirages. *0,5 pt*

2. On effectue maintenant quatre tirages successifs d'une boule avec remise. Répondre aux mêmes questions qu'à la question **1.** *1 pt*

3. n étant un nombre entier strictement positif, on effectue n tirages successifs avec remise. On appelle P_n la probabilité d'obtenir au cours de ces n tirages une boule blanche uniquement au dernier tirage.

a. Calculer P_1, P_2, P_3 et P_n. *1 pt*

b. Soit $S_n = P_1 + P_2 + P_3 + \ldots + P_n \quad (n > 1)$.

Exprimer S_n en fonction de n et déterminer la limite de S_n. *1 pt*

EXERCICE 2 (obligatoire)

Le plan complexe $\mathscr{P}$ est rapporté au repère orthonormal direct $(O\ ;\vec{u},\vec{v})$ (unité graphique : 3 cm).
On désigne par A le point d'affixe i.
À tout point M du plan, distinct de A, d'affixe z, on associe le point M′ d'affixe z' défini par :

$$z' = \frac{z^2}{i-z}.$$

1. Déterminer les points M confondus avec leur image M′. **0,5 pt**

2. Étant donné un complexe z distinct de i, on pose : $z = x + iy$ et $z' = x' + iy'$, avec x, y, x', y' réels.

Montrer que :

$$x' = \frac{-x(x^2+y^2-2y)}{x^2+(1-y)^2}.$$

En déduire l'ensemble E des points M dont l'image M′ est située sur l'axe des imaginaires purs. Dessiner l'ensemble E. **1,5 pt**

3. Trouver une relation simple liant les longueurs OM, AM et OM′. En déduire l'ensemble F des points M du plan tels que M et M′ soient situés sur un même cercle de centre O. Dessiner l'ensemble F. **1,75 pt**

4. Dans toute cette question, on considère un point M d'affixe z, situé sur le cercle de centre A et de rayon $\frac{1}{2}$. M′ est le point d'affixe z' correspondant, et G l'isobarycentre des points A, M et M′.

Calculer l'affixe z_0 de G en fonction de z.

Montrer que G est situé sur un cercle de centre O dont on précisera le rayon. Après avoir comparé les angles $(\vec{u}, \overrightarrow{OG})$ et $(\vec{u}, \overrightarrow{AM})$, effectuer la construction de G. En déduire celle de M′. **1,25 pt**

PROBLÈME

Dans tout le problème, on se place dans un repère orthonormal $(O\ ;\vec{i},\vec{j})$.
L'unité graphique est 2 cm.

Partie A – Étude d'une fonction g

Soit g la fonction définie sur $]0, +\infty[$ par : $g(x) = x\ln x - x + 1$
et $\mathscr{C}$ sa représentation graphique dans le repère $(O\ ;\vec{i},\vec{j})$.

1. Étudier les limites de g en 0 et en $+\infty$. **1 pt**

2. Étudier les variations de g. En déduire le signe de $g(x)$ en fonction de x. **0,5 pt**

3. On note $\mathscr{C}'$ la représentation graphique de la fonction $x \mapsto \ln x$ dans le repère $(O\,;\,\vec{i},\,\vec{j})$. Montrer que $\mathscr{C}$ et $\mathscr{C}'$ ont deux points communs d'abscisses respectives 1 et e et que, pour tout x élément de $[1, e]$, on a :

$$x\ln x - x + 1 \leqslant \ln x.$$

On ne demande pas de représenter $\mathscr{C}$ et $\mathscr{C}'$. **1 pt**

4. a. Calculer, à l'aide d'une intégration par parties, l'intégrale :

$$J = \int_1^e (x-1)\ln x\,dx.$$ **1 pt**

b. Soit Δ le domaine plan défini par :

$$\Delta = \{M(x, y)\,;\, 1 \leqslant x \leqslant e \text{ et } g(x) \leqslant y \leqslant \ln x\}.$$

Déterminer, en cm^2, l'aire de Δ. Donner une valeur décimale approchée à 10^{-2} près de cette aire. **0,75 pt**

Partie B – Étude d'une fonction *f*

Soit la fonction f définie sur $]1, +\infty[$ par :

$$f(x) = \frac{1}{x-1}\ln x.$$

1. Étudier les limites de f en $+\infty$ et en 1 (pour l'étude de la limite en 1, on pourra utiliser un taux d'accroissement). **1 pt**

2. Déterminer le tableau de variation de f (on pourra remarquer que $f'(x)$ s'écrit facilement en fonction de $g(x)$). **1 pt**

3. Tracer la courbe représentative de f dans le repère $(O\,;\,\vec{i},\,\vec{j})$. **1 pt**

Partie C – Étude de l'équation $f(x) = \frac{1}{2}$

1. Montrer que l'équation $f(x) = \frac{1}{2}$ admet une unique solution notée α et que $3{,}5 < \alpha < 3{,}6$. **0,75 pt**

2. Soit h la fonction définie sur $]1, +\infty[$ par :

$$h(x) = \ln x + \frac{1}{2}x + \frac{1}{2}.$$

a. Montrer que α est solution de l'équation $h(x) = x$. **0,5 pt**

b. Étudier le sens de variation de h. **0,5 pt**

c. On pose $I = [3, 4]$. Montrer que pour tout x élément de I on a $h(x) \in I$ et $|h'(x)| \leqslant \frac{5}{6}$. **0,75 pt**

3. On définit la suite (u_n) par :

$$u_0 = 3 \text{ et pour tout } n \geqslant 0 \quad u_{n+1} = h(u_n).$$

Justifier successivement les trois propriétés suivantes :

a. Pour tout entier naturel n, $|u_{n+1} - \alpha| \leqslant \frac{5}{6}|u_n - \alpha|$. **0,5 pt**

b. Pour tout entier naturel n, $|u_n - \alpha| \leqslant \left(\frac{5}{6}\right)^n$. **0,25 pt**

c. La suite (u_n) converge vers α. **0,25 pt**

4. Donner un entier naturel p, tel que des majorations précédentes on puisse déduire que u_p est une valeur approchée de α à 10^{-3} près. Indiquer une valeur décimale approchée à 10^{-3} près de α. **0,5 pt**

CORRIGÉ

EXERCICE 1

1. Cas de quatre tirages successifs sans remise

L'épreuve consiste à tirer l'une après l'autre 4 boules sans remise. Il y a un ordre mais pas de répétition possible d'une boule, un cas possible peut être décrit comme une liste de quatre éléments 2 à 2 distincts de l'ensemble des 6 boules de l'urne. Il y en a : $A_6^4 = 6 \times 5 \times 4 \times 3$.

On fait l'hypothèse d'équiprobabilité, les boules étant indiscernables au toucher. Alors, pour tout événement A,

$$p(A) = \frac{\text{nombre de cas favorables à A}}{\text{nombre de cas possibles}}.$$

On note E l'événement : « On tire 3 noires puis une blanche. »

On note F l'événement : « On tire une et une seule blanche au cours des quatre tirages. »

a. Calcul de la probabilité de E

Un cas favorable à E est une liste de quatre boules dans laquelle les trois premières sont noires et la dernière blanche. On constitue une liste de trois noires de l'ensemble des 4 noires de l'urne, et pour chacune de ces listes on choisit une blanche parmi les deux blanches de l'urne.

Il y a $A_4^3 \times 2$ cas favorables à E, soit $4 \times 3 \times 2 \times 2$.

$$p(E) = \frac{4 \times 3 \times 2 \times 2}{6 \times 5 \times 4 \times 3} = \frac{2}{15} \quad \boxed{p(E) = \frac{2}{15}}$$

b. Calcul de la probabilité de F

Un cas favorable à E est une liste de quatre boules dans laquelle une boule est blanche et trois boules sont noires. On choisit la place qu'occupe la boule blanche dans la liste : il y a quatre places possibles.

Pour chacun de ces choix, on choisit la boule blanche parmi les deux de l'urne et enfin les trois places restantes sont occupées par une liste de trois noires deux à deux distinctes.

Il y a $4 \times 2 \times A_4^3$ cas favorables à F.

$$p(F) = \frac{4 \times 2 \times A_4^3}{A_6^4} = 4 \times p(E) \quad \boxed{p(F) = \frac{8}{15}}$$

Remarque

Ce n'est pas la seule méthode pour calculer $p(E)$. On peut utiliser les probabilités conditionnelles. Pour tout entier naturel i compris entre 1 et 4, on note :

N_i (respectivement : B_i) l'événement : « tirer une noire (resp. une blanche) au i-ème tirage », alors $p(E) = p(N_1 \cap N_2 \cap N_3 \cap B_4)$.

En utilisant les probabilités conditionnelles, on a :

$$p(E) = p(N_1) \times p(N_2/N_1) \times p(N_3/N_1 \cap N_2) \times p(B_4/N_1 \cap N_2 \cap N_3)$$

$p(N_1) = \frac{4}{6}$, et, la boule noire tirée en premier n'étant pas remise, il reste alors dans l'urne 5 boules dont 3 noires. D'où : $p(N_2/N_1) = \frac{3}{5}$;

de même : $p(N_3/N_1 \cap N_2) = \frac{2}{4}$ et $p(B_4/N_1 \cap N_2 \cap N_3) = \frac{2}{3}$.

$$p(E) = \frac{4}{6} \times \frac{3}{5} \times \frac{2}{4} \times \frac{2}{3} = \frac{2}{15}.$$

2. Cas de quatre tirages successifs avec remise

Un cas possible est une liste de 4 boules de l'ensemble des 6 boules de l'urne puisqu'il y a ordre et répétition possible d'une boule dans la liste. Il y a 6^4 cas possibles.

a. Calcul de la probabilité de E

Un cas favorable à E est une liste de trois noires suivie d'une blanche, il y en a : $4^3 \times 2$ et $p(\text{E}) = \dfrac{4^3 \times 2}{6^4}$.

Après simplifications : $\boxed{p(\text{E}) = \dfrac{8}{81}}$

b. Calcul de la probabilité de F

Un cas favorable à F est une liste de trois noires et d'une blanche, la blanche peut occuper 4 places, il y a deux blanches possibles et les trois places restantes sont occupées par une liste de trois noires. Il y a $4 \times 2 \times 4^3$ cas favorables à F.

$p(\text{F}) = 4 \times p(\text{E})$, $\boxed{p(\text{F}) = \dfrac{32}{81}}$

3. a. Calcul de $\mathbf{P_1}$, $\mathbf{P_2}$, $\mathbf{P_3}$ et $\mathbf{P_n}$

On peut encore dans cette question dénombrer des listes. Pour changer, utilisons les événements introduits dans la remarque de la première question : N_i et B_i.

À chaque tirage l'urne contient 4 noires et 2 blanches, pour tout entier i non nul, $p(\text{B}_i) = \frac{2}{6} = \frac{1}{3}$ et $p(\text{N}_i) = \frac{4}{6} = \frac{2}{3}$.

P_1 est la probabilité d'obtenir une blanche en un tirage : $\text{P}_1 = p(\text{B}_1) = \frac{1}{3}$.

P_2 est la probabilité de tirer une noire puis une blanche : $\text{P}_2 = p(\text{N}_1 \cap \text{B}_2)$.

Les tirages s'effectuant avec remise, les événements N_1 et B_2 sont indépendants et :

$\text{P}_2 = p(\text{N}_1)p(\text{B}_2) = \frac{2}{3} \times \frac{1}{3}$, et de même :

$$\text{P}_3 = p(\text{N}_1 \cap \text{N}_2 \cap \text{B}_3) = p(\text{N}_1) \times p(\text{N}_2) \times p(\text{B}_3)$$

$$= \frac{2}{3} \times \frac{2}{3} \times \frac{1}{3} = \left(\frac{2}{3}\right)^2 \times \frac{1}{3}$$

$$P_n = p(N_1 \cap \ldots \cap N_{n-1} \cap B_n) = p(N_1) \times \ldots \times p(N_{n-1}) \times p(B_n)$$

$$= \frac{2}{3} \times \ldots \times \frac{2}{3} \times \frac{1}{3} = \left(\frac{2}{3}\right)^{n-1} \times \frac{1}{3}$$

Pour tout entier naturel non nul n, $P_n = \left(\frac{2}{3}\right)^{n-1} \times \frac{1}{3}$.

b. Calcul de S_n

$$S_n = P_1 + P_2 + \ldots + P_n = \frac{1}{3} + \frac{2}{3} \times \frac{1}{3} + \ldots + \left(\frac{2}{3}\right)^{n-1} \times \frac{1}{3}$$

$$= \frac{1}{3} \times \left(1 + \frac{2}{3} + \ldots + \left(\frac{2}{3}\right)^{n-1}\right)$$

Pour tout réel q distinct de 1, $1 + q + \ldots + q^n = \frac{1 - q^{n+1}}{1 - q}$, on en déduit :

$$S_n = \frac{1}{3} \times \frac{1 - \left(\frac{2}{3}\right)^n}{1 - \frac{2}{3}} = 1 - \left(\frac{2}{3}\right)^n.$$

Pour tout entier $n > 1$, $S_n = 1 - \left(\frac{2}{3}\right)^n$.

Limite de S_n

$0 < \frac{2}{3} < 1$, donc : $\lim\limits_{n \to +\infty} \left(\frac{2}{3}\right)^n = 0$ et $\lim\limits_{n \to +\infty} S_n = 1$.

EXERCICE 2

1. Recherche des points invariants

M′ est confondu avec M si et seulement si : $z' = z$.

On résout dans l'ensemble des complexes privé de i l'équation : $z = \frac{z^2}{i - z}$.

$z = \frac{z^2}{i - z}$ équivaut à : $z(i - z) = z^2$

et à : $z(i - z - z) = 0$

et à : $z = 0$ ou $z = \frac{i}{2}$.

Deux points sont confondus avec leur image : le point O et le point $B\left(0, \frac{1}{2}\right)$.

2. Calcul de x' en fonction de x et y

$z = x + iy$ et $z' = x' + iy'$ et $z \neq i$.

$$z' = \frac{z^2}{i-z} = \frac{(x+iy)^2}{i-x-iy} = \frac{x^2-y^2+2ixy}{-x+i(1-y)}$$

$$z' = \frac{(x^2-y^2+2ixy)(-x-i(1-y))}{(-x+i(1-y))(-x-i(1-y))}$$

$$z' = \frac{-x(x^2-y^2)+2xy(1-y)}{x^2+(1-y)^2} + i\frac{-2x^2y-(x^2-y^2)(1-y)}{x^2+(1-y)^2} .$$

La partie réelle de z' est : $x' = \dfrac{-x(x^2-y^2-2y+2y^2)}{x^2+(1-y)^2}$.

$$\boxed{x' = \frac{-x(x^2+y^2-2y)}{x^2+(1-y)^2}}$$

Recherche de l'ensemble E

E est l'ensemble des points $M(x, y)$ dont l'image $M'(x', y')$ appartient à l'axe des imaginaires purs, c'est-à-dire à l'axe des ordonnées. L'axe des ordonnées est l'ensemble des points d'abscisse nulle.

M' appartient à E si et seulement si : $x' = 0$.

$x' = 0$ équivaut à : $\begin{cases} x = 0 \text{ ou } x^2+y^2-2y = 0 \\ \text{et } x^2+(1-y)^2 \neq 0 \end{cases}$

et à : $\begin{cases} x = 0 \text{ ou } (x-0)^2+(y-1)^2 = 1 \\ \text{et } (x, y) \neq (0, 1) \end{cases}$

La condition $(x, y) \neq (0, 1)$ est la condition : M est distinct de A.

L'équation $x = 0$ est une équation de l'axe des ordonnées $(y'y)$.

L'équation $(x-0)^2+(y-1)^2 = 1$ est une équation du cercle C de centre $A(0, 1)$ et de rayon 1.

$$\boxed{E = (y'y) \cup C - \{A\}.}$$

Représentation graphique de E

L'unité est de 3 cm.

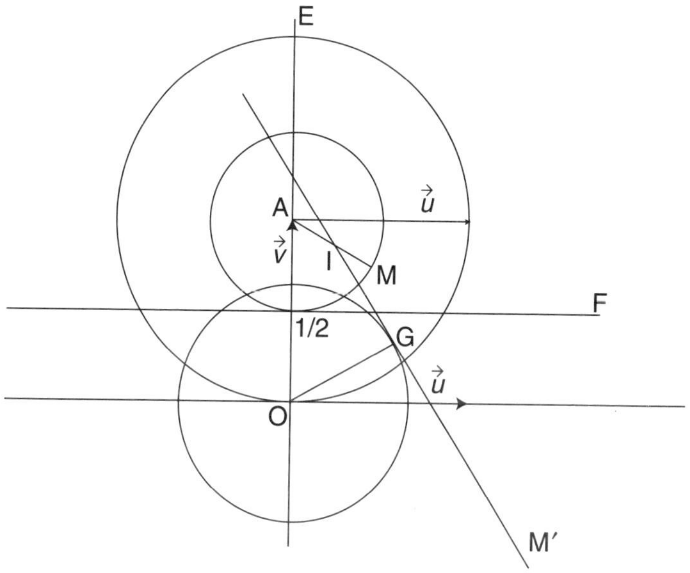

3. Relation liant OM, AM et OM′

Étant donné deux points A et B d'affixes z_A et z_B, la longueur AB est le module de $(z_B - z_A)$.

On a : $OM = |z|$; $OM' = |z'|$ et $AM = |z - i|$.

De plus, le module d'un produit (respectivement : d'un quotient) est le produit (respectivement : le quotient) des modules. De l'égalité : $z' = \frac{z^2}{i - z}$, on déduit : $|z'| = \frac{|z|^2}{|i - z|} = \frac{|z|^2}{|z - i|}$, soit : $\boxed{OM' = \frac{OM^2}{AM}}$.

Recherche de l'ensemble F

On considère M distinct de A.

Deux points appartiennent à un même cercle de centre O si et seulement si ils sont équidistants de O.

$M \in F$ si et seulement si $OM = OM'$.

$OM = OM'$ équivaut à : $\frac{OM^2}{AM} = OM$, soit : $OM^2 = AM \cdot OM$

et à : $OM \cdot (OM - AM) = 0$

et à : $OM = 0$ ou $OM = AM$.

OM = 0 signifie que les points M et O sont confondus et l'ensemble des points équidistants de O et A est la médiatrice du segment [OA].

F est la réunion de O et de la médiatrice de [OA].

4. Calcul de l'affixe de G

G isobarycentre de A, M et M′ a pour affixe :

$$z_G = \frac{1}{3}(z_A + z_M + z_{M'}) = \frac{1}{3}(i + z + z') = \frac{1}{3}\left(i + z + \frac{z^2}{i - z}\right)$$

$$z_G = \frac{1}{3}\left(\frac{(i+z)(i-z) + z^2}{i - z}\right) = \frac{1}{3}\left(\frac{-1 - z^2 + z^2}{i - z}\right)$$

$$\boxed{z_G = \frac{1}{3}\left(\frac{1}{z - i}\right)}$$

Recherche du rayon du cercle de centre O auquel appartient G

G appartient au cercle de centre O de rayon OG.

$$OG = |z_G| = \frac{1}{3|z - i|} = \frac{1}{3AM}.$$

M appartient au cercle de centre A de rayon $\frac{1}{2}$, donc $AM = \frac{1}{2}$ et

$$OG = \frac{2}{3}.$$

G appartient au cercle de centre O de rayon $\frac{2}{3}$.

Comparaison des angles $(\vec{u}, \overrightarrow{OG})$ et $(\vec{u}, \overrightarrow{AM})$

$(\vec{u}, \overrightarrow{OG})$ est l'argument de z_G, noté $\arg(z_G)$, et en utilisant les propriétés de l'argument d'un inverse et d'un produit, on a :

$$(\vec{u}, \overrightarrow{OG}) = \arg(z_G) = \arg\left(\frac{1}{3(z - i)}\right) = -\arg(3(z - i))$$

$$= -\arg(3) - \arg(z - i) = 0 - \arg(z - i)$$

Le nombre complexe $z - i = z_M - z_A$ est l'affixe du vecteur $\overrightarrow{AM}$, il a pour argument $(\vec{u}, \overrightarrow{AM})$.

$$\boxed{(\vec{u}, \overrightarrow{OG}) = -(\vec{u}, \overrightarrow{AM}).}$$

Construction de G

Le point M est donné et appartient au cercle de centre A, de rayon $\frac{1}{2}$, on place ce point. Alors l'angle $(\vec{u}, \overrightarrow{AM})$ est connu (sur la figure, on le note α).

G est le point du cercle de centre O de rayon $\frac{2}{3}$ tel que : $(\vec{u}, \overrightarrow{OG}) = -(\vec{u}, \overrightarrow{AM}) = -\alpha$.

Construction de M′

Soit I le milieu de [AM], G étant l'isobarycentre de A, M et M′ vérifie : $\overrightarrow{IG} = \frac{1}{3}\overrightarrow{IM'}$.

On construit M′ tel que : $\overrightarrow{IM'} = 3\overrightarrow{IG}$.

PROBLÈME

Partie A – Étude d'une fonction *g*

1. Limite de *g* en $+\infty$

$g(x) = x(\ln x - 1) + 1$.

En utilisant les propriétés de la limite d'une somme et de celle d'un produit, on a :

$\lim\limits_{x \to +\infty} \ln x = +\infty$, donc : $\lim\limits_{x \to +\infty} (\ln x - 1) = +\infty$ et $\boxed{\lim\limits_{x \to +\infty} g(x) = +\infty.}$

Limite de *g* en 0

$$\left.\begin{aligned} \lim_{x \to 0} x\ln x &= 0 \\ \lim_{x \to 0} (-x + 1) &= 1 \end{aligned}\right\}, \text{ donc : } \boxed{\lim_{x \to 0} g(x) = 1.}$$

2. Étude des variations de *g*

g est dérivable sur]0, $+\infty$[car produit et somme de fonctions usuelles (affines et logarithme), dérivables sur]0, $+\infty$[.

Pour tout réel de]0, $+\infty$[, $g'(x) = \ln x + x \cdot \frac{1}{x} - 1 = \ln x$.

Le signe de $g'(x)$ est celui de $\ln x$, on a : $g'(1) = \ln 1 = 0$ et :

si $x > 1$, $\ln x > 0$ et $g'(x) > 0$;
si $x < 1$, $\ln x < 0$ et $g'(x) < 0$.

D'où le tableau de variations de g :

x	0		1		$+\infty$
$g'(x)$	‖	$-$	0	$+$	
$g(x)$	‖ 1	↘	0	↗	$+\infty$

Étude du signe de $g(x)$

L'étude des variations de g prouve que g a pour minimum 0, ce minimum étant atteint pour la seule valeur $x = 1$.

g est strictement positive sur $]0, 1[\cup]1, +\infty[$ et $g(1) = 0$.

3. Recherche des points communs à $\mathscr{C}$ et $\mathscr{C}'$

Les abscisses de ces points sont les solutions dans $]0, +\infty[$ de l'équation : $g(x) = \ln x$. Pour tout réel $x > 0$:

$$\ln x - g(x) = \ln x - x\ln x + x - 1 = x - 1 - (x-1)\ln x$$
$$= (x-1)(1 - \ln x).$$

$g(x) = \ln x$ si et seulement si $x = 1$ ou $\ln x = 1 = \ln e$.

$\mathscr{C}$ et $\mathscr{C}'$ ont deux points communs d'abscisses 1 et e.

Comparaison de $g(x)$ et de $\ln x$ lorsque $x \in [1, e]$

Pour tout réel $x > 0$

$\ln x - g(x) = (x-1)(1 - \ln x)$.

Si $1 \leqslant x \leqslant e$, $1 \leqslant x$ donc $0 \leqslant x - 1$.

La fonction logarithme étant croissante sur $]0, +\infty[$, $x \leqslant e$ implique $\ln x \leqslant \ln e$ et $0 \leqslant 1 - \ln x$.

$\ln x - g(x)$, produit de deux réels positifs, est positif, donc :

Si $1 \leqslant x \leqslant e$, $g(x) \leqslant \ln x$.

4. Calcul de $J = \int_1^e (x-1)\ln x \, dx$

On pose : $u'(x) = x - 1$ et $v(x) = \ln x$.

On a : $u(x) = \frac{x^2}{2} - x$ et $v'(x) = \frac{1}{x}$.

Les fonctions u' et v' sont continues sur $[1, e]$, on fait une intégration par parties.

$$J = \left[\left(\frac{x^2}{2} - x\right)\ln x\right]_1^e - \int_1^e \left(\frac{x^2}{2} - x\right) \times \frac{1}{x} dx = \left(\frac{e^2}{2} - e\right) - \int_1^e \left(\frac{x}{2} - 1\right) dx$$

$$J = \frac{e^2}{2} - e - \left[\frac{1}{2}\cdot\frac{x^2}{2} - x\right]_1^e = \frac{e^2}{2} - e - \left[\frac{e^2}{4} - e - \left(\frac{1}{4} - 1\right)\right] = \frac{e^2}{4} - \frac{3}{4}$$

$$\boxed{J = \frac{e^2 - 3}{4}}.$$

Calcul de l'aire de Δ

Puisque Δ est l'ensemble des points $M(x, y)$ tels que : $\begin{cases} 1 \leqslant x \leqslant e \\ g(x) \leqslant y \leqslant \ln x \end{cases}$,

en unités d'aire, l'aire de Δ est $\int_1^e (\ln x - g(x))\mathrm{d}x$.

Le repère est orthonormal, l'unité graphique est 2 cm, donc l'unité d'aire est 4 cm^2 et en notant $\mathcal{A}$ l'aire de Δ exprimée en cm^2 :

$$\mathcal{A} = 4\int_1^e (\ln x - g(x))\mathrm{d}x.$$

Par linéarité de l'intégrale, on a :

$$\mathcal{A} = 4\int_1^e (x-1)(1-\ln x)\mathrm{d}x = 4\int_1^e (x-1)\mathrm{d}x - 4J.$$

$$\int_1^e (4x-4)\mathrm{d}x = [2x^2 - 4x]_1^e = 2e^2 - 4e + 2$$

$$\mathcal{A} = 2e^2 - 4e + 2 - (e^2 - 3) = e^2 - 4e + 5$$

$$\boxed{\text{En cm}^2,\ \mathcal{A} = e^2 - 4e + 5 \ \text{ et }\ \mathcal{A} \approx 1{,}51}.$$

Partie B – Étude d'une fonction *f*

1. Limite de *f* en +∞

$$f(x) = \frac{\ln x}{x-1} = \frac{\ln x}{x\left(1 - \frac{1}{x}\right)}.$$

$\lim\limits_{x \to +\infty}\left(1 - \frac{1}{x}\right) = 1$ et $\lim\limits_{x \to +\infty}\frac{\ln x}{x} = 0$. Donc $\boxed{\lim\limits_{x \to +\infty} f(x) = 0}$.

Limite de *f* en 1

$$f(x) = \frac{\ln x}{x-1} = \frac{\ln x - \ln 1}{x-1}.$$

On reconnaît le taux d'accroissement de la fonction logarithme entre x et 1. Cette fonction étant dérivable en 1, ce taux a pour limite, lorsque x

tend vers 1, le nombre dérivé de la fonction logarithme en 1. Or, $(\ln)'(1) = 1$.

$$\boxed{\lim_{x \to 1} f(x) = 1}$$

2. Tableau de variation de f

f est le quotient de la fonction logarithme et de la fonction affine $x \mapsto x - 1$, toutes deux dérivables sur $]1, +\infty[$.

Pour tout $x \in \,]1, +\infty[$,

$$f'(x) = \frac{\frac{1}{x} \times (x-1) - \ln x \times 1}{(x-1)^2} = \frac{x - 1 - x\ln x}{x(x-1)^2} = -\frac{g(x)}{x(x-1)^2}.$$

Pour tout $x \in \,]1, +\infty[$, on a : $g(x) > 0$ et $x(x-1)^2 > 0$ donc $f'(x) < 0$.

x	1	$+\infty$
$f(x)$	1 ↘	0

3. Courbe représentative de f

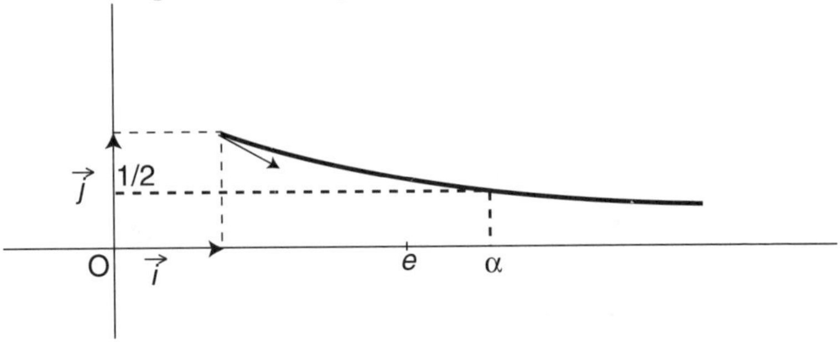

Partie C - Étude de l'équation $f(x) = \frac{1}{2}$

1. Existence et nombre de solutions

La fonction f, dérivable et strictement décroissante sur $]1, +\infty[$, établit une bijection de $]1, +\infty[$ sur $f(]1, +\infty[)$.

$$f(]1, +\infty[) = \left]\lim_{x \to +\infty} f, \lim_{x \to 1} f\right[=]0, 1[.$$

Pour tout réel y appartenant à]0, 1[, et en particulier pour $y = \frac{1}{2}$, l'équation $y = f(x)$ a une solution unique.

L'équation $f(x) = \frac{1}{2}$ a une solution unique, notée α.

Encadrement de α

Avec la calculatrice, on obtient : $f(3, 5) \approx 0{,}501$; $f(3, 6) \approx 0{,}492$.

On a : $f(3, 6) < 0{,}5 < f(3, 5)$, soit : $f(3, 6) < f(\alpha) < f(3, 5)$; et, puisque f est strictement décroissante sur $]1, +\infty[$,

$$3{,}5 < \alpha < 3{,}6.$$

2. a. α est solution de $h(x) = x$

$f(\alpha) = \frac{1}{2}$. Donc : $\frac{\ln\alpha}{\alpha - 1} = \frac{1}{2}$ et $\ln\alpha = \frac{1}{2}(\alpha - 1)$.

$$h(\alpha) = \ln\alpha + \frac{1}{2}\alpha + \frac{1}{2} = \frac{1}{2}\alpha - \frac{1}{2} + \frac{1}{2}\alpha + \frac{1}{2} = \alpha.$$

α est solution de $h(x) = x$.

b. Sens de variation de h

h est dérivable sur $]1, +\infty[$ et, pour tout $x \in]1, +\infty[$, $h'(x) = \frac{1}{x} + \frac{1}{2}$.

On a : $x > 1$, donc $h'(x) > 0$ et h est strictement croissante sur $]1, +\infty[$.

c. Stabilité de $I = [3, 4]$ par h

h est strictement croissante sur [3, 4]. Pour tout réel x de I, on a : $h(3) \leqslant h(x) \leqslant h(4)$.

$h(3) \approx 3{,}09$ et $h(4) \approx 3{,}88$, on a : $3 \leqslant h(3) \leqslant h(x) \leqslant h(4) \leqslant 4$.

Si $x \in I$, $h(x) \in I$.

Majoration de $|h'|$ sur I

Pour tout $x \in [3, 4]$, $\frac{1}{4} \leqslant \frac{1}{x} \leqslant \frac{1}{3}$ et $\frac{3}{4} \leqslant \frac{1}{x} + \frac{1}{2} \leqslant \frac{5}{6}$.

Pour tout réel x de I, $|h'(x)| \leqslant \frac{5}{6}$.

3. Tous les termes de la suite appartiennent à I

On démontre cette propriété par récurrence sur l'entier n : on démontre que cette propriété est vraie pour $n = 0$ et que, si elle est vraie pour un entier n, elle est encore vraie pour l'entier $n + 1$.

• $u_0 \in \mathrm{I}$ car $u_0 = 3$.

• On suppose que u_n appartient à I. Alors, d'après **C-2.c.**, $h(u_n) \in \mathrm{I}$. Or $h(u_n) = u_{n+1}$.

On a montré par récurrence que :

$$\boxed{\text{pour tout entier naturel } n,\ u_n \in \mathrm{I}.}$$

a. Pour tout entier naturel n, $|u_{n+1} - \alpha| \leqslant \frac{5}{6}|u_n - \alpha|$

On utilise l'inégalité des accroissements finis :

La fonction h est dérivable sur I, $|h'|$ est majorée sur I par le réel $\frac{5}{6}$. Alors, pour les réels u_n et α de I, on a : $|h(u_n) - h(\alpha)| \leqslant \frac{5}{6}|u_n - \alpha|$ et, puisque $h(u_n) = u_{n+1}$ et $h(\alpha) = \alpha$,

$$\boxed{\text{pour tout entier naturel } n,\ |u_{n+1} - \alpha| \leqslant \frac{5}{6}|u_n - \alpha|.}$$

b. Pour tout entier naturel n, $|u_n - \alpha| \leqslant \left(\frac{5}{6}\right)^n$

On démontre cette propriété par récurrence sur l'entier n.

• Pour $n = 0$, $|u_0 - \alpha| = |3 - \alpha| = \alpha - 3$ car $\alpha \geqslant 3$.

On sait que : $3{,}5 < \alpha < 3{,}6$ donc $\alpha - 3 < 0{,}6 \leqslant 1$.

On a bien : $|u_0 - \alpha| \leqslant \left(\frac{5}{6}\right)^0$ puisque $\left(\frac{5}{6}\right)^0 = 1$.

• Supposons l'inégalité vraie pour un entier n : $|u_n - \alpha| \leqslant \left(\frac{5}{6}\right)^n$.

D'après la question précédente, on a : $|u_{n+1} - \alpha| \leqslant \frac{5}{6}|u_n - \alpha|$. Donc $|u_{n+1} - \alpha| \leqslant \frac{5}{6} \times \left(\frac{5}{6}\right)^n$, soit $|u_{n+1} - \alpha| \leqslant \left(\frac{5}{6}\right)^{n+1}$.

L'inégalité est encore vraie pour l'entier $n + 1$. Par récurrence,

$$\boxed{\text{pour tout entier naturel } n,\ |u_n - \alpha| \leqslant \left(\frac{5}{6}\right)^n.}$$

c. Convergence de la suite (u_n)

$\frac{5}{6}$ étant un réel appartenant à]0, 1[, $\lim_{n \to +\infty} \left(\frac{5}{6}\right)^n = 0$. Par encadrement, on en déduit $\lim_{n \to +\infty} |u_n - \alpha| = 0$, ce qui signifie : $\boxed{\lim_{n \to +\infty} u_n = \alpha.}$

Valeur approchée de α

Si p est un entier naturel tel que : $|u_p - \alpha| \leqslant \left(\frac{5}{6}\right)^p \leqslant 10^{-3}$, alors u_p est une valeur approchée de α à 10^{-3} près.

$\left(\frac{5}{6}\right)^p \leqslant 10^{-3}$ équivaut à : $\ln\left(\frac{5}{6}\right)^p \leqslant \ln 10^{-3}$

(car ln croissante sur $]0, +\infty[$)

et à : $p \ln\left(\frac{5}{6}\right) \leqslant \ln 10^{-3}$

et à : $p \geqslant \dfrac{\ln 10^{-3}}{\ln\left(\frac{5}{6}\right)}$ (car $\ln\left(\frac{5}{6}\right) < 0$)

$\dfrac{\ln 10^{-3}}{\ln\left(\frac{5}{6}\right)} \approx 37{,}88$, donc $p = 38$ convient.

$\boxed{u_{38} \text{ est une valeur approchée de } \alpha \text{ à } 10^{-3} \text{ près.}}$

Valeur approchée de u_{38}

On programme la calculatrice et on trouve :

$\boxed{3{,}513 \text{ est une valeur approchée de } u_{38} \text{ à } 10^{-3} \text{ près.}}$

SUJET **3**

ANTILLES

Juin 1997

Exercice 1 (4 points)
- Probabilité
- Variable aléatoire

Exercice 2 (obligatoire) (5 points)
- Nombres complexes
- Application géométrique
- Barycentre
- Ensemble de points

Problème (11 points)
- Fonction logarithme
- Suites

EXERCICE 1

Voici le plan de la salle 308 du Lycée Dupont.

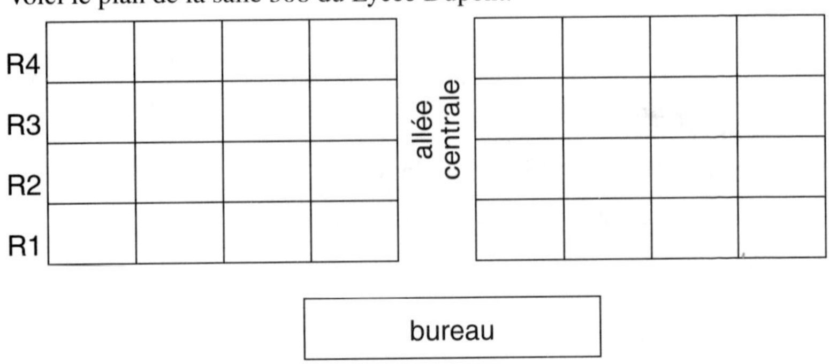

Le premier jour de l'année scolaire, les élèves de la classe de TS1 sont invités par leur professeur principal à s'installer au hasard des places disponibles dans cette salle.

La classe de TS1 comporte 28 élèves.

1. a. Quel est le nombre de répartitions possibles des places inoccupées ? *1 pt*

b. Calculer, à 10^{-4} près, les probabilités des événements suivants :
A : « les huit places du rang R4 sont toutes occupées ».

B : « il y a autant d'élèves à gauche qu'à droite de l'allée centrale ». **1 pt**

2. Dans cette question, les résultats seront donnés sous forme fractionnaire.

Soit X la variable aléatoire « nombre de places inoccupées au rang R4 ».

a. Donner la loi de probabilité de X. **1 pt**

b. Calculer son espérance mathématique. **1 pt**

EXERCICE 2 (obligatoire)

Le plan orienté est rapporté au repère orthonormal direct $(O ; \vec{u}, \vec{v})$, l'unité graphique est 1 cm.

On considère les points A, B, C d'affixes respectives :

$$z_A = (3\sqrt{3} - 2) + i(3 + 2\sqrt{3}) \ ; \ z_B = (-\sqrt{3} - 1) + i(\sqrt{3} - 1) \ ;$$

$$z_C = (1 - 4\sqrt{3}) + i(-4 - \sqrt{3}).$$

1. On se propose de placer les points A, B et C dans le repère $(O ; \vec{u}, \vec{v})$ à l'aide du compas. Pour cela on considère la rotation $\mathscr{R}$ de centre O et d'angle de mesure $\frac{-2\pi}{3}$.

a. Donner l'écriture complexe de $\mathscr{R}$. **0,5 pt**

b. Vérifier que $\mathscr{R}$ transforme le point A en le point A′ d'affixe : $4 - 6i$.

On admettra que $\mathscr{R}$ transforme les points B et C en les points B′ et C′ d'affixes respectives $2 + 2i$ et $-2 + 8i$. **0,25 pt**

c. Placer les points A′, B′, C′ puis, à l'aide du compas, les points A, B, C. (La construction du point A sera justifiée.) **1 pt**

2. a. Calculer $z_A - z_B + z_C$. **0,25 pt**

b. En déduire que le point O est le barycentre du système de points pondérés $\{(A, 1), (B, -1), (C, 1)\}$. **0,5 pt**

3. Soit l'ensemble $\mathscr{C}$ des points M du plan tels que : $\|\overrightarrow{MA} - \overrightarrow{MB} + \overrightarrow{MC}\| = \|\overrightarrow{MA} - 2\overrightarrow{MB} + \overrightarrow{MC}\|$.

a. Vérifier que B appartient à $\mathscr{C}$. **0,5 pt**

b. Déterminer puis tracer l'ensemble $\mathscr{C}$. **1 pt**

4. Déterminer puis tracer l'ensemble $\mathscr{D}$ des points M du plan tels que :

$$2\|\overrightarrow{MA} - \overrightarrow{MB} + \overrightarrow{MC}\| = \|\overrightarrow{MA} - 3\overrightarrow{MB}\|.$$ **1 pt**

PROBLÈME

Partie A

On considère la fonction f définie sur l'intervalle $]0, +\infty[$ par :

$$f(x) = \ln\left(\frac{x+1}{x}\right) - \frac{1}{x+1}.$$

1. Déterminer la fonction dérivée de la fonction f et étudier le sens de variation de f. **0,5 pt**

2. Calculer la limite de $f(x)$ lorsque x tend vers 0 et lorsque x tend vers $+\infty$. **0,5 pt**

3. Donner le tableau des variations de la fonction f et en déduire le signe de $f(x)$ pour tout x appartenant à $]0, +\infty[$. **1 pt**

4. Le plan étant rapporté à un repère orthonormal direct $(O ; \vec{i}, \vec{j})$, l'unité graphique est 5 cm. Tracer la courbe $\mathscr{C}$ représentative de la fonction f. **1 pt**

Partie B

On considère la fonction g définie sur l'intervalle $]0, +\infty[$ par :

$$g(x) = x\ln\left(\frac{x+1}{x}\right).$$

1. Déterminer la fonction dérivée de la fonction g. Déduire de la partie A le sens de variation de g sur $]0, +\infty[$. **1 pt**

2. Vérifier que $g = h \circ k$ avec h et k fonctions définies sur $]0, +\infty[$ par :

$$h(x) = \frac{\ln(1+x)}{x} \text{ et } k(x) = \frac{1}{x}.$$

En déduire la limite de g en $+\infty$ et en 0. **1 pt**

3. Donner le tableau des variations de g sur $]0, +\infty[$. **1 pt**

Partie C

1. Soit λ un nombre réel strictement supérieur à 1. On note $A(\lambda)$ l'aire en cm^2 du domaine « ensemble des points M du plan dont les coordonnées vérifient : $1 \leqslant x \leqslant \lambda$ et $0 \leqslant y \leqslant f(x)$ ». En utilisant les résultats de la partie **B**,

a. Calculer $A(\lambda)$ en fonction de λ. **1 pt**

b. Déterminer la limite de $A(\lambda)$ lorsque λ tend vers $+\infty$. **1 pt**

c. Justifier l'affirmation : « l'équation $A(\lambda) = 5$ admet une solution unique notée λ_0 ». Puis donner un encadrement de λ_0 d'amplitude 10^{-2}. **1 pt**

2. Soit (u_n) la suite numérique définie sur $\mathbb{N}^*$ par : $u_n = \left(\frac{n+1}{n}\right)^n$.

Montrer, en remarquant que $\ln(u_n) = g(n)$, que :

a. la suite (u_n) est une suite croissante ; **1 pt**

b. la suite (u_n) est convergente, et préciser sa limite. **1 pt**

CORRIGÉ

EXERCICE 1

1. a. Nombre de répartitions des places inoccupées

Il y a 4 rangs et 8 places par rang, 32 places en tout. On note P l'ensemble de ces 32 places. Lorsque les 28 élèves s'installent, 4 places restent inoccupées, on cherche le nombre de répartitions de ces 4 places.

Une répartition peut être considérée comme un sous-ensemble (ou combinaison) de quatre éléments de P : il n'y a pas d'ordre et les quatre places sont deux à deux distinctes.

Le nombre de répartitions des places inoccupées est C_{32}^4.

$$C_{32}^4 = \frac{32 \times 31 \times 30 \times 29}{4 \times 3 \times 2 \times 1} = 40 \times 31 \times 29 = 35960.$$

b. • Probabilité de l'événement A

Les élèves s'installent au hasard ; on peut considérer que les différentes répartitions possibles des places inoccupées sont équiprobables et que tout événement E a pour probabilité :

$$p(E) = \frac{\text{nombre de répartitions favorables à la réalisation de E}}{\text{nombre de répartitions possibles}}.$$

A est l'événement : « les huit places du rang R4 sont toutes occupées ».

A est réalisé si et seulement si les 4 places inoccupées appartiennent à l'ensemble des 24 places des rangs R1, R2 et R3. Il y a C_{24}^4 répartitions favorables à A et $p(A) = \frac{C_{24}^4}{C_{32}^4}$.

$$C_{24}^4 = \frac{24 \times 23 \times 22 \times 21}{4 \times 3 \times 2 \times 1} = 23 \times 22 \times 21 = 10626.$$

En donnant le résultat sous forme décimale à 10^{-4} près :

$$\boxed{p(A) \approx 0{,}2955.}$$

• **Probabilité de l'événement B**

B est l'événement : « il y a autant d'élèves à gauche qu'à droite de l'allée centrale ».

B est réalisé si et seulement si les 4 places inoccupées se répartissent de la façon suivante : 2 places inoccupées parmi les 16 places situées à gauche de l'allée centrale et 2 places inoccupées parmi les 16 places situées à droite de l'allée centrale.

Le nombre de répartitions de 2 places parmi 16 étant C_{16}^2, le nombre de répartitions favorables à B est $C_{16}^2 \times C_{16}^2$, et $p(B) = \dfrac{C_{16}^2 \times C_{16}^2}{C_{32}^4}$.

En donnant le résultat sous forme décimale à 10^{-4} près :

$$\boxed{p(B) \approx 0{,}4004.}$$

2. a. Loi de probabilité de X

X est la variable aléatoire : « nombre de places inoccupées au rang R4 ».

X prend les valeurs 0, 1, 2, 3 et 4.

Déterminer la loi de probabilité de la variable X, c'est calculer pour tout entier i compris entre 0 et 4 la probabilité de l'événement $(X = i)$.

• $(X = 0)$ est l'événement : « il n'y a pas de places inoccupées au rang R4 », c'est-à-dire A.

$$p(X = 0) = p(A) = \frac{23 \times 22 \times 21}{40 \times 31 \times 29} = \frac{5313}{17980}.$$

• $(X = 1)$ est l'événement : « il y a une place inoccupée au rang R4 ».

$(X = 1)$ est réalisé lorsque les 4 places inoccupées se répartissent de la façon suivante : une parmi les huit du rang R4 et trois parmi les 24 places des 3 autres rangs.

Le nombre de répartitions favorables à $(X = 1)$ est

$$C_8^1 \times C_{24}^3 = 8 \times \frac{24 \times 23 \times 22}{3 \times 2 \times 1} = 32 \times 23 \times 22$$

$$p(X = 1) = \frac{C_8^1 \times C_{24}^3}{C_{32}^4} = \frac{32 \times 23 \times 22}{40 \times 31 \times 29} = \frac{2024}{4495} \quad (p(X = 1) \approx 0{,}4502).$$

• Plus généralement, $(X = i)$ est réalisé si et seulement si les 4 places inoccupées se répartissent de la façon suivante : i parmi les huit du rang R4 et $4 - i$ parmi les 24 places des 3 autres rangs.

Le nombre de répartitions favorables à $(X = i)$ est $C_8^i \times C_{24}^{4-i}$ et :

$$\boxed{\text{Pour tout entier } i,\ 0 \leqslant i \leqslant 4,\ p(X = i) = \frac{C_8^i \times C_{24}^{4-i}}{C_{32}^4}}.$$

Soit :

$$p(X = 2) = \frac{C_8^2 \times C_{24}^2}{C_{32}^4} = \frac{4 \times 7 \times 12 \times 23}{40 \times 31 \times 29} = \frac{966}{4495}(p(X = 2) \approx 0{,}2149);$$

$$p(X = 3) = \frac{C_8^3 \times C_{24}^1}{C_{32}^4} = \frac{8 \times 7 \times 24}{40 \times 31 \times 29} = \frac{168}{4495}\ (p(X = 3) \approx 0{,}0374);$$

$$p(X = 4) = \frac{C_8^4 \times C_{24}^0}{C_{32}^4} = \frac{2 \times 7 \times 5}{40 \times 31 \times 29} = \frac{7}{3596}\ (p(X = 4) \approx 0{,}0019).$$

On vérifie que la somme de ces probabilités est 1.

$$\frac{5313}{17980} + \frac{2024}{4495} + \frac{966}{4495} + \frac{168}{4495} + \frac{7}{3596} = 1$$

> ***Remarque***
>
> Les résultats de cette question ont été donnés sous forme de fractions irréductibles, on aurait pu choisir de les donner sous forme de fractions ayant toutes le même dénominateur : 17980.

b. Espérance de X

On la note $E(X)$, et on a :

$$E(X) = 0 \times p(X=0) + 1 \times p(X=1) + 2 \times p(X=2) + 3 \times p(X=3) + 4 \times p(X=4)$$

$$E(X) = \frac{2024}{4495} + 2 \times \frac{966}{4495} + 3 \times \frac{168}{4495} + 4 \times \frac{7}{3596} = 1$$

$$\boxed{E(X) = 1.}$$

EXERCICE 2

1. a. Écriture complexe de $\mathscr{R}$

La rotation de centre O d'angle de mesure θ transforme tout point M d'affixe z en un point M′ d'affixe z' telle que : $z' = e^{i\theta}z$. On en déduit, sachant que $\theta = \frac{-2\pi}{3}$, que l'écriture complexe de $\mathscr{R}$ est :

$$z' = e^{i\left(\frac{-2\pi}{3}\right)}z = \left(\cos\left(\frac{-2\pi}{3}\right) + i\sin\left(\frac{-2\pi}{3}\right)\right)z$$

$$\cos\left(\frac{-2\pi}{3}\right) = \cos\frac{2\pi}{3} = \cos\left(\pi - \frac{\pi}{3}\right) = -\cos\frac{\pi}{3} = -\frac{1}{2}$$

$$\sin\left(\frac{-2\pi}{3}\right) = -\sin\left(\pi - \frac{\pi}{3}\right) = -\sin\frac{\pi}{3} = -\frac{\sqrt{3}}{2}$$

D'où : $\boxed{\mathscr{R} \text{ a pour écriture complexe : } z' = -\frac{1}{2}(1 + i\sqrt{3})z.}$

b. Transformé du point A par $\mathscr{R}$

Le point A d'affixe z_A a pour transformé par $\mathscr{R}$ le point A′ d'affixe $z_{A'}$ telle que :

$$z_{A'} = -\frac{1}{2}(1 + i\sqrt{3})z_A = -\frac{1}{2}(1 + i\sqrt{3})((3\sqrt{3} - 2) + i(3 + 2\sqrt{3}))$$

$$z_{A'} = -\frac{1}{2}(3\sqrt{3} - 2 + i^2\sqrt{3}(3 + 2\sqrt{3}) + i(3 + 2\sqrt{3} + \sqrt{3}(3\sqrt{3} - 2)))$$

$$z_{A'} = -\frac{1}{2}((3\sqrt{3} - 2 - 3\sqrt{3} - 6) + i(12)) = 4 - 6i.$$

$\boxed{\mathscr{R} \text{ transforme A en A' d'affixe } (4 - 6i).}$

c. Construction du point A

Le point A′ d'affixe $z = 4 - 6i$ a pour couple de coordonnées $(4, -6)$. Le point A′ se place facilement, ses coordonnées étant entières.

A′ est l'image de A par la rotation $\mathscr{R}$, donc A est l'image de A′ par la rotation $\mathscr{R}^{-1}$, rotation de centre O et d'angle de mesure $\frac{2\pi}{3}$.

$$A = \mathscr{R}^{-1}(A') \text{ signifie : } \begin{cases} OA = OA' \\ (\overrightarrow{OA}, \overrightarrow{OA'}) = \frac{2\pi}{3} \end{cases}$$

A appartient au cercle (C) de centre O et de rayon OA′ : on trace ce cercle.

On construit à l'aide du compas le point A_1, image du point A′ par la rotation *r*, de centre O et d'angle de mesure $\frac{\pi}{3}$: il suffit de construire le cercle de centre A' de rayon OA', qui coupe le cercle (C) en 2 points, A_1 est celui pour lequel $OA'A_1$ est équilatéral de sens direct.

On construit de même le point image de A_1 par r, et
$r(A_1) = (r \circ r)(A') = \mathscr{R}^{-1}(A') = A$.

(En effet, $r \circ r$ est la rotation de centre O et d'angle $\frac{\pi}{3} + \frac{\pi}{3}$.)

d. Figure

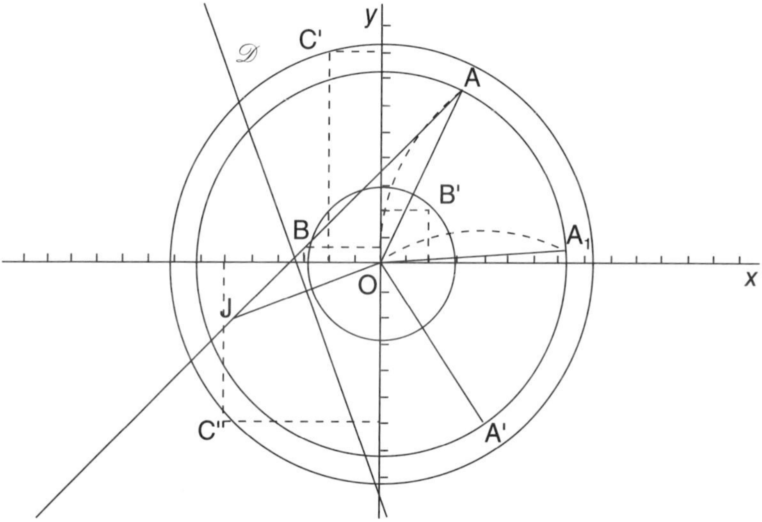

2. Calcul de $z_A - z_B + z_C$

$$z_A - z_B + z_C = (3\sqrt{3} - 2 + \sqrt{3} + 1 + 1 - 4\sqrt{3})$$
$$+ i(3 + 2\sqrt{3} - \sqrt{3} + 1 - 4 - \sqrt{3}) = 0$$

$$\boxed{z_A - z_B + z_C = 0}$$

b. Interprétation géométrique

z_A a pour image le vecteur $\overrightarrow{OA}$, z_B a pour image le vecteur $\overrightarrow{OB}$ et z_C a pour image le vecteur $\overrightarrow{OC}$.

$z_A - z_B + z_C = 0$ signifie que : $\overrightarrow{OA} - \overrightarrow{OB} + \overrightarrow{OC} = \vec{0}$ et sachant que $1 + (-1) + 1 \neq 0$:

$$\boxed{\text{O est le barycente de } \{(A, 1), (B, -1), (C, 1)\}.}$$

3. a. Vérification de : $B \in \mathscr{C}$

$\mathscr{C}$ est l'ensemble des points M du plan tels que :
$\|\overrightarrow{MA} - \overrightarrow{MB} + \overrightarrow{MC}\| = \|\overrightarrow{MA} - 2\overrightarrow{MB} + \overrightarrow{MC}\|$.

On a pour $M = B$: $\begin{cases} \|\overrightarrow{MA} - \overrightarrow{MB} + \overrightarrow{MC}\| = \|\overrightarrow{BA} + \overrightarrow{BC}\| \\ \|\overrightarrow{MA} - 2\overrightarrow{MB} + \overrightarrow{MC}\| = \|\overrightarrow{BA} + \overrightarrow{BC}\| \end{cases}$.

Ces deux normes sont égales.

Le point B appartient à $\mathscr{C}$.

b. Détermination de $\mathscr{C}$

Pour tout point M du plan, on a :

$\overrightarrow{MA} - \overrightarrow{MB} + \overrightarrow{MC} = \overrightarrow{MO} + \overrightarrow{OA} - (\overrightarrow{MO} + \overrightarrow{OB}) + \overrightarrow{MO} + \overrightarrow{OC} = \overrightarrow{MO}$ car :

$\overrightarrow{OA} - \overrightarrow{OB} + \overrightarrow{OC} = \vec{0}$.

$\overrightarrow{MA} - 2\overrightarrow{MB} + \overrightarrow{MC} = \overrightarrow{MO} + \overrightarrow{OA} - 2(\overrightarrow{MO} + \overrightarrow{OB}) + \overrightarrow{MO} + \overrightarrow{OC} = -\overrightarrow{OB}$

D'où : $\begin{cases} \|\overrightarrow{MA} - \overrightarrow{MB} + \overrightarrow{MC}\| = \|\overrightarrow{MO}\| = OM \\ \|\overrightarrow{MA} - 2\overrightarrow{MB} + \overrightarrow{MC}\| = \|-\overrightarrow{OB}\| = OB \end{cases}$

$M \in \mathscr{C}$ si et seulement si $OM = OB$.

$\mathscr{C}$ est le cercle de centre O de rayon OB.

4. Détermination de $\mathscr{D}$

On considère le point J barycentre de $\{(A, 1), (B, -3)\}$, ce point existe puisque $(1 - 3)$ n'est pas nul.

J est défini par : $\overrightarrow{JA} - 3\overrightarrow{JB} = \vec{0}$.

Pour tout point M du plan, on a :

$\overrightarrow{MA} - 3\overrightarrow{MB} = \overrightarrow{MJ} + \overrightarrow{JA} - 3(\overrightarrow{MJ} + \overrightarrow{JB}) = -2\overrightarrow{MJ}$,

et : $\|\overrightarrow{MA} - 3\overrightarrow{MB}\| = \|-2\overrightarrow{MJ}\| = 2MJ$

$M \in \mathscr{D}$ si et seulement si $2\|\overrightarrow{MA} - \overrightarrow{MB} + \overrightarrow{MC}\| = \|\overrightarrow{MA} - 3\overrightarrow{MB}\|$

si et seulement si $2OM = 2MJ$ soit : $OM = MJ$

si et seulement si M est équidistant de O et J.

$\mathscr{D}$ est la médiatrice du segment [OJ].

Construction de $\mathscr{D}$

On construit J : $\overrightarrow{JA} - 3\overrightarrow{JB} = \vec{0}$, donc : $\overrightarrow{JA} - 3(\overrightarrow{JA} + \overrightarrow{AB}) = \vec{0}$.

Soit : $\overrightarrow{AJ} = \frac{3}{2}\overrightarrow{AB}$.

Puis on construit $\mathscr{D}$.

PROBLÈME

Partie A

1. Fonction dérivée de f

x étant strictement positif, $(x+1)$ l'est aussi et

$$\ln\left(\frac{x+1}{x}\right) = \ln(x+1) - \ln x .$$

On considère u définie par $u(x) = x+1$; u est affine, donc dérivable sur]0, +∞[.

De plus, sur]0, +∞[, u est strictement positive. On en déduit que $\ln u$ et $\frac{1}{u}$ sont dérivables sur]0, +∞[et que f, somme de fonctions dérivables sur]0, +∞[, est dérivable sur]0, +∞[.

Pour tout réel x appartenant à]0, +∞[, $f(x) = \ln(x+1) - \ln x - \dfrac{1}{x+1}$

$$f'(x) = \frac{1}{x+1} - \frac{1}{x} + \frac{1}{(x+1)^2} = \frac{x(x+1) - (x+1)^2 + x}{x(x+1)^2}.$$

$$\boxed{\text{Pour tout réel } x \text{ appartenant à }]0, +\infty[, \quad f'(x) = -\frac{1}{x(x+1)^2}}$$

Sens de variations de f

Pour tout réel x appartenant à]0, +∞[, $f'(x) < 0$,

$$\boxed{f \text{ est strictement décroissante sur }]0, +\infty[.}$$

2. Limite de f en 0

$$f(x) = \ln(x+1) - \ln x - \frac{1}{x+1}$$

$$\left.\begin{array}{l} \lim\limits_{x \to 0} \ln(x+1) = \ln 1 = 0 \\ \lim\limits_{x \to 0} \ln x = -\infty \\ \lim\limits_{x \to 0} \dfrac{1}{x+1} = 1 \end{array}\right\} \text{ donc } \boxed{\lim_{x \to 0} f(x) = +\infty}$$

L'axe des ordonnées d'équation $x = 0$ est asymptote à $\mathscr{C}$.

Limite de f en $+\infty$

$$f(x) = \ln\left(\frac{x+1}{x}\right) - \frac{1}{x+1} = \ln\left(1+\frac{1}{x}\right) - \frac{1}{x+1}$$

$$\lim_{x \to +\infty}\left(1+\frac{1}{x}\right) = 1 \text{ et } \lim_{x \to 1} \ln x = \ln 1 = 0,$$

par composition des limites, $\lim_{x \to +\infty} \ln\left(1+\frac{1}{x}\right) = 0$.

De plus, $\lim_{x \to +\infty}\left(\frac{1}{x+1}\right) = 0$, d'où

$$\boxed{\lim_{x \to +\infty} f(x) = 0}.$$

L'axe des abscisses d'équation $y = 0$ est asymptote à $\mathscr{C}$.

3. Tableau de variations de f

x	0	$+\infty$
$f'(x)$		$-$
$f(x)$	$+\infty$ ↘	0

Signe de $f(x)$

f est strictement décroissante sur $]0, +\infty[$ et $\lim_{x \to +\infty} f(x) = 0$, donc :

$$\boxed{f \text{ est strictement positive sur }]0, +\infty[.}$$

4. Tracé de $\mathscr{C}$

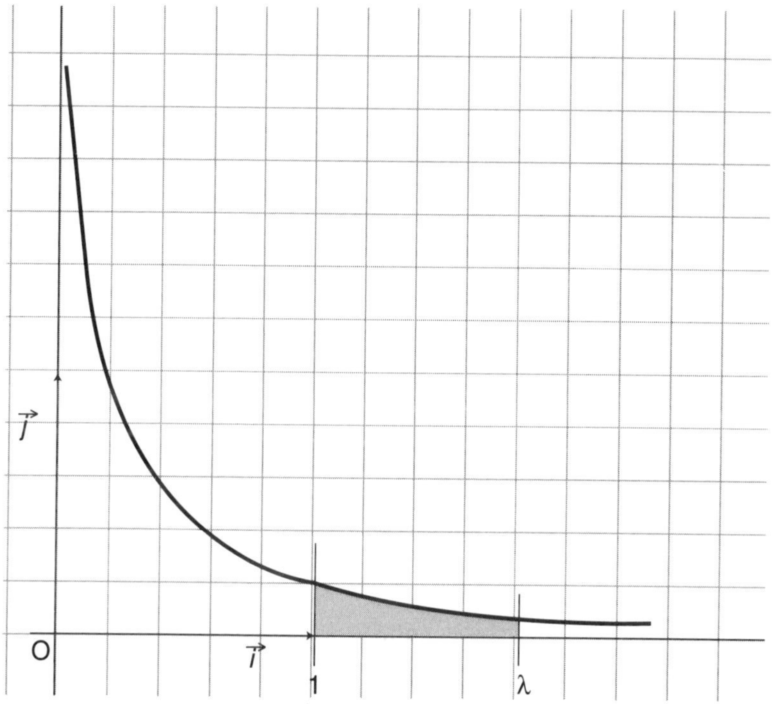

Partie B

1. Fonction dérivée de *g*

Pour tout réel x appartenant à $]0, +\infty[$,

on pose $u(x) = x$ et $v(x) = \ln\left(\frac{x+1}{x}\right) = \ln(x+1) - \ln x$.

u et v sont dérivables sur $]0, +\infty[$, donc $g = uv$ est dérivable sur $]0, +\infty[$ et $g' = u'v + uv'$. Pour tout réel x de $]0, +\infty[$,

$$g'(x) = \ln\left(\frac{x+1}{x}\right) + x\left(\frac{1}{x+1} - \frac{1}{x}\right) = \ln\left(\frac{x+1}{x}\right) + \frac{x}{x+1} - 1$$

$$g'(x) = \ln\left(\frac{x+1}{x}\right) - \frac{1}{x+1}. \quad \boxed{g' = f}$$

Sens de variation de g

Sur $]0, +\infty[$, $f > 0$, donc $\boxed{g \text{ est strictement croissante sur }]0, +\infty[.}$

2. Vérification de $g = h \circ k$

k est définie sur $]0, +\infty[$ et pour tout $x \in]0, +\infty[$, $k(x) > 0$.

h est définie sur $]0, +\infty[$, donc $h \circ k$ est définie sur $]0, +\infty[$ et :

pour tout réel x de $]0, +\infty[$, $(h \circ k)(x) = h(k(x)) = \dfrac{\ln(1 + k(x))}{k(x)}$

$$(h \circ k)(x) = \frac{\ln\left(1 + \frac{1}{x}\right)}{\frac{1}{x}} = x\ln\left(\frac{x+1}{x}\right) = g(x)$$

$$\boxed{h \circ k = g}$$

Limite de g en $+\infty$

$\lim\limits_{x \to +\infty} k(x) = 0$

$\lim\limits_{x \to 0} h(x) = \lim\limits_{x \to 0} \dfrac{\ln(1+x)}{x} = 1$ (limite de référence).

Par composition des limites : $\boxed{\lim\limits_{x \to +\infty} g(x) = 1}$

Limite de g en 0

$\lim\limits_{x \to 0} k(x) = +\infty$, on cherche la limite de h en $+\infty$.

$$h(x) = \frac{\ln(1+x)}{x} = \frac{\ln\left(x\left(1 + \frac{1}{x}\right)\right)}{x} = \frac{\ln x}{x} + \frac{1}{x}\ln\left(1 + \frac{1}{x}\right)$$

$$\left.\begin{array}{l} \lim\limits_{x \to +\infty} \dfrac{\ln x}{x} = 0 \quad \text{(limite de référence)} \\ \lim\limits_{x \to +\infty} \dfrac{1}{x} = 0 \quad \text{et} \quad \lim\limits_{x \to +\infty} \ln\left(1 + \dfrac{1}{x}\right) = \ln 1 = 0 \end{array}\right\} \lim\limits_{x \to +\infty} h(x) = 0$$

Par composition des limites :

$$\boxed{\lim\limits_{x \to 0} g(x) = 0}$$

3. Tableau de variations de g

x	0 $\qquad$ $+\infty$
$g'(x)$	$+$
$g(x)$	$0 \nearrow 1$

Partie C

1. a. Calcul de $A(\lambda)$

En unités d'aire, l'aire du domaine est $\int_1^{\lambda} f(x)\mathrm{d}x$.

Le repère est orthonormal, l'unité graphique est 5 cm, l'unité d'aire est 25 cm^2 et :

$A(\lambda) = 25\int_1^{\lambda} f(x)\mathrm{d}x$.

f a pour primitive sur $]0, +\infty[$ g puisque $g' = f$ sur $]0, +\infty[$.

$A(\lambda) = 25[g(x)]_1^{\lambda} = 25(g(\lambda) - g(1))$

$$\boxed{A(\lambda) = 25\left(\lambda \ln\left(1 + \frac{1}{\lambda}\right) - \ln 2\right)}$$

b. Limite de $A(\lambda)$ lorsque λ tend vers $+\infty$

On sait que : $\lim\limits_{\lambda \to +\infty} g(\lambda) = 1$.

On en déduit : $\lim\limits_{\lambda \to +\infty} 25(g(\lambda) - g(1)) = 25(1 - \ln 2)$

$$\boxed{\lim_{\lambda \to +\infty} A(\lambda) = 25(1 - \ln 2)}$$

$$25(1 - \ln 2) \approx 7{,}67.$$

c. Équation $A(\lambda) = 5$

On considère l'application A définie sur $[1, +\infty[$ par $A(\lambda) = 25(g(\lambda) - g(1))$.

g étant dérivable sur $[1, +\infty[$, A l'est aussi et : $A'(\lambda) = 25g'(\lambda)$.

A étant dérivable et strictement croissante sur $[1, +\infty[$, établit une bijection de $[1, +\infty[$ sur $A([1, +\infty[)$.

$A([1, +\infty[) = [A(1), \lim\limits_{\lambda \to +\infty} A(\lambda)[= [0 ; 25(1 - \ln 2)[$.

Pour tout réel y appartenant à $]0 ; 25(1 - \ln 2)[$, en particulier $y = 5$, l'équation $A(\lambda) = y$ a une solution unique dans $[1, +\infty[$.

L'équation $A(\lambda) = 5$ a une solution unique dans $[1, +\infty[$, notée λ_0.

Encadrement de λ_0

À l'aide de la calculatrice, on trouve : $A(4{,}02) \approx 4{,}99$ et $A(4{,}03) \approx 5{,}002$.

On a : $A(4{,}02) \leqslant A(\lambda_0) \leqslant A(4{,}03)$.

La fonction A est croissante sur $[1, +\infty[$, d'où :

$$4{,}02 \leqslant \lambda_0 \leqslant 4{,}03$$

2. a. Sens de variation de (u_n)

$$u_n = \left(\frac{n+1}{n}\right)^n.$$

Pour tout entier n naturel non nul, u_n est strictement positif, $\ln(u_n)$ existe

et : $\ln(u_n) = n\ln\left(\frac{n+1}{n}\right) = g(n)$.

g est croissante sur $[1, +\infty[$, donc : pour tout entier n naturel non nul, $g(n) \leqslant g(n+1)$. Soit : $\ln(u_n) \leqslant \ln(u_{n+1})$.

La fonction ln étant strictement croissante sur $]0, +\infty[$, on en déduit : $u_n \leqslant u_{n+1}$.

La suite (u_n) est croissante.

b. Convergence de (u_n)

La fonction logarithme népérien ayant pour fonction réciproque la fonction exponentielle, $\ln(u_n) = g(n)$ équivaut à $u_n = \exp(g(n))$.

$$\lim_{n \to +\infty} g(n) = \lim_{x \to +\infty} g(x) = 1$$

$\lim_{x \to 1} \exp x = e$ car la fonction exponentielle est continue en 1.

Par composition des limites : $\lim_{n \to +\infty} u_n = e$.

La suite (u_n) converge, sa limite est e.

SUJET **4**

POLYNÉSIE

Juin 1997

Exercice 1 (obligatoire) (5 points)
- Nombres complexes
- Applications géométriques

Exercice 2 (4 points)
- Probabilité
- Schéma de Bernoulli

Problème (11 points)
- Fonction exponentielle
- Équation
- Inégalité des accroissements finis
- Suites

EXERCICE 1 (obligatoire)

Dans le plan complexe rapporté à un repère orthonormal direct $(O\ ;\ \vec{u}, \vec{v})$ on considère les points M_n d'affixes $z_n = \left(\frac{1}{2}i\right)^n(1 + i\sqrt{3})$ où n est un entier naturel.

1. Exprimer z_{n+1} en fonction de z_n, puis z_n en fonction de z_0 et n.
Donner z_0, z_1, z_2, z_3 et z_4 sous forme algébrique et sous forme trigonométrique. *1 pt*

2. Placer les points M_0, M_1, M_2, M_3 et M_4 (unité graphique : 4 cm). *0,5 pt*

3. Déterminer la distance OM_n en fonction de n. *0,5 pt*

4. a. Montrer que l'on a $M_nM_{n+1} = \frac{\sqrt{5}}{2^n}$ pour tout n entier naturel. *1 pt*

b. On pose $L_n = \sum_{k=0}^{n} M_kM_{k+1}$

(c'est-à-dire $L_n = M_0M_1 + M_1M_2 + \ldots + M_nM_{n+1}$).

Déterminer L_n en fonction de n puis la limite de L_n quand n tend vers $+\infty$. *1 pt*

5. Déterminer une mesure de l'angle $(\overrightarrow{OM_0}, \overrightarrow{OM_n})$ en fonction de n.

Pour quelles valeurs de n les points O, M_0 et M_n sont-ils alignés ?

1 pt

EXERCICE 2

Les questions **1.**, **2.** *et* **3.** *sont indépendantes.*

Tous les résultats de calcul de probabilité seront donnés sous forme d'une fraction irréductible.

Une classe de terminale S d'un lycée compte 30 élèves, dont 10 filles.

1. À chaque séance du cours de mathématiques le professeur interroge au hasard trois élèves.

Déterminer la probabilité de chacun des événements suivants:
A: «exactement deux des trois élèves interrogés sont des garçons»,
B: «les trois élèves interrogés sont de même sexe»,
C: «il y a au plus une fille parmi les trois élèves interrogés». *1,5 pt*

2. Parmi les 19 internes de la classe on compte 4 filles.

On choisit au hasard dans cette classe deux délégués de sexes différents.

Déterminer la probabilité de chacun des événements suivants:

D: «les deux délégués sont internes»,

E: «un seul des deux délégués est interne». *1 pt*

3. À la fin de chaque séance le professeur désigne au hasard un élève qui effacera le tableau. Un même élève peut être désigné plusieurs fois.

a. Déterminer la probabilité P_n pour que le tableau soit effacé au moins une fois par une fille à l'issue de n séances. *0,75 pt*

b. Déterminer le nombre minimal de séances pour que $P_n \geqslant 0{,}9999$.

0,75 pt

PROBLÈME

Soit f la fonction définie sur $\mathbb{R}$ par $f(x) = x - 1 + (x^2 + 2)e^{-x}$.

On note (C) la courbe représentative de f dans un repère orthonormal $(O\,;\vec{i}, \vec{j})$ (unité graphique: 2 cm).

Partie A – Étude d'une fonction auxiliaire

Soit g la fonction définie sur $\mathbb{R}$ par $g(x) = 1 - (x^2 - 2x + 2)e^{-x}$.

1. Étudier les limites de g en $-\infty$ et en $+\infty$. **0,5 pt**

2. Calculer la dérivée de g et déterminer son signe. **0,5 pt**

3. En déduire le tableau de variation de g. **0,25 pt**

4. Démontrer que l'équation $g(x) = 0$ admet une solution unique α dans $\mathbb{R}$ puis justifier que $0{,}35 \leqslant \alpha \leqslant 0{,}36$. **0,5 pt**

5. En déduire le signe de g. **0,25 pt**

Partie B – Étude de *f*

1. Étudier les limites de f en $-\infty$ et en $+\infty$. **0,5 pt**

2. Déterminer $f'(x)$ pour tout x réel. **0,5 pt**

3. En déduire, à l'aide de la partie A, les variations de f et donner son tableau de variation. **0,25 pt**

4. a. Démontrer que $f(\alpha) = \alpha(1 + 2e^{-\alpha})$. **0,25 pt**

b. À l'aide de l'encadrement de α déterminer un encadrement de $f(\alpha)$ d'amplitude 4×10^{-2}. **0,5 pt**

5. Démontrer que la droite Δ d'équation $y = x - 1$ est asymptote à (C) en $+\infty$.

Préciser la position de (C) par rapport à Δ. **0,5 pt**

6. Donner une équation de la tangente T à (C) au point d'abscisse 0.

0,5 pt

7. Tracer Δ, T puis (C). **0,5 pt**

8. a. Déterminer les réels a, b et c tels que la fonction P définie sur $\mathbb{R}$ par $P(x) = (ax^2 + bx + c)e^{-x}$ soit une primitive sur $\mathbb{R}$ de la fonction $x \mapsto (x^2 + 2)e^{-x}$. **0,5 pt**

b. Calculer en fonction de α l'aire $\mathscr{A}$ en cm^2 de la partie du plan limitée par (C), Δ et les droites d'équations $x = -\alpha$ et $x = 0$. **0,5 pt**

c. Justifier que $\mathscr{A} = 4e^{2\alpha} + 8e^{\alpha} - 16$. **0,5 pt**

Partie C – Étude d'une suite

1. Démontrer que pour tout x de $[1\,;2]$, $1 \leqslant f(x) \leqslant 2$. **0,5 pt**

2. Démontrer que pour tout x de $[1\,;2]$, $0 \leqslant f'(x) \leqslant \dfrac{3}{4}$. **0,5 pt**

3. En utilisant le sens de variation de la fonction h définie sur $[1\,;\,2]$ par $h(x) = f(x) - x$ démontrer que l'équation $f(x) = x$ admet une solution unique β dans $[1\,;\,2]$. **0,5 pt**

4. Soit (u_n) la suite numérique définie par $u_0 = 1$ et pour tout entier naturel n, $u_{n+1} = f(u_n)$.

a. Démontrer que pour tout entier naturel n, $1 \leqslant u_n \leqslant 2$. **0,5 pt**

b. Démontrer que pour tout entier naturel n, $|u_{n+1} - \beta| \leqslant \frac{3}{4}|u_n - \beta|$.

0,5 pt

c. Démontrer que pour tout entier naturel n, $|u_n - \beta| \leqslant \left(\frac{3}{4}\right)^n$. **0,5 pt**

d. En déduire que la suite (u_n) est convergente et donner sa limite.

0,5 pt

e. Trouver un entier n_0 tel que pour tout entier naturel n supérieur ou égal à n_0 on ait $|u_n - \beta| \leqslant 10^{-2}$. **0,5 pt**

CORRIGÉ

EXERCICE 1

1. Expression de z_n

Pour tout n de $\mathbb{N}$, on a :

$$z_{n+1} = \left(\frac{i}{2}\right)^{n+1}(1 + i\sqrt{3}) = \left(\frac{i}{2}\right)\left(\frac{i}{2}\right)^n(1 + i\sqrt{3}).\ \text{Donc: } \boxed{z_{n+1} = \frac{i}{2}z_n}.$$

(z_n) est une suite géométrique de raison $\frac{i}{2}$. Pour tout n de $\mathbb{N}$, on a:

$$\boxed{z_n = z_0\left(\frac{i}{2}\right)^n}.$$

$$\boxed{z_0 = 1 + i\sqrt{3} \quad z_1 = \frac{-\sqrt{3} + i}{2} \quad z_2 = \frac{-1 - i\sqrt{3}}{4} \quad z_3 = \frac{\sqrt{3} - i}{8} \quad z_4 = \frac{1 + i\sqrt{3}}{16}}$$

Pour tout n de $\mathbb{N}$, soient ρ_n et θ_n le module et un argument de z_n :

$$\rho_n = \left(\frac{1}{2}\right)^n\sqrt{1 + 3} = 2^{-n+1}.\ \text{Donc: } \rho_0 = 2,\ \rho_1 = 1,\ \rho_2 = \frac{1}{2},\ \rho_3 = \frac{1}{4}.$$

$\rho_4 = \frac{1}{8}$.

$\theta_n = n\frac{\pi}{2} + \frac{\pi}{3}\ [2\pi]$. Donc: $\theta_0 = \frac{\pi}{3}$, $\theta_1 = \frac{5\pi}{6}$, $\theta_2 = -\frac{2\pi}{3}$, $\theta_3 = -\frac{\pi}{6}$.

$\theta_4 = \frac{\pi}{3}$.

Sous forme exponentielle on a donc:

$$\boxed{z_0 = 2e^{i\frac{\pi}{3}} \quad z_1 = e^{i\frac{5\pi}{6}} \quad z_2 = \frac{1}{2}e^{-i\frac{2\pi}{3}} \quad z_3 = \frac{1}{4}e^{-i\frac{\pi}{6}} \quad z_4 = \frac{1}{8}e^{i\frac{\pi}{3}}}$$

2. Graphique

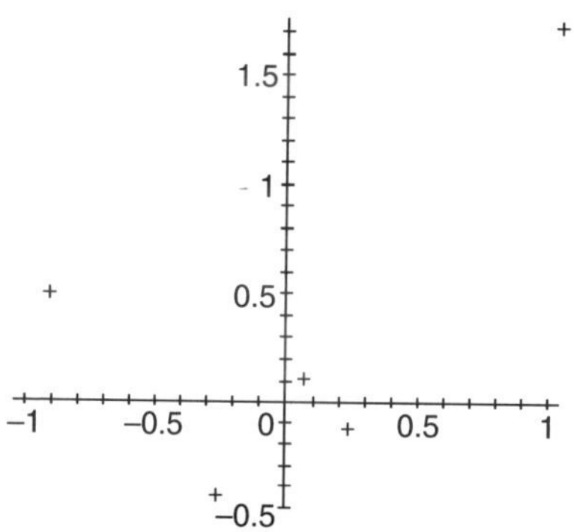

3. Calcul de $\mathbf{OM_n}$

Pour tout n de $\mathbb{N}$,

$$\boxed{OM_n = |z_n| = 2^{-n+1}}$$

4. Étude d'une suite

a. Calcul de $\mathbf{M_nM_{n+1}}$

Pour tout n de $\mathbb{N}$,

$$M_nM_{n+1} = |z_{n+1} - z_n| = |z_n| \times \left|\frac{i}{2} - 1\right| = 2^{-n+1}\frac{\sqrt{5}}{2}.$$

$$\text{Soit: } \boxed{M_nM_{n+1} = \frac{\sqrt{5}}{2^n}}.$$

b. Calcul de $\mathbf{L_n = \sum_{k=0}^{n} M_kM_{k+1}}$

Pour tout n de $\mathbb{N}$, $\mathrm{L}_n = \sum_{k=0}^{n} \frac{\sqrt{5}}{2^k} = \sum_{k=0}^{n} \sqrt{5}\left(\frac{1}{2}\right)^k$.

L_n est la somme des $(n+1)$ premiers termes de la suite géométrique de premier terme $\sqrt{5}$ et de raison $\frac{1}{2}$, qui est différente de 1. On a donc :

$$\boxed{\mathrm{L}_n = \sqrt{5}\frac{1-\left(\frac{1}{2}\right)^{n+1}}{1-\frac{1}{2}} = 2\sqrt{5}\left[1-\left(\frac{1}{2}\right)^{n+1}\right]}.$$

Comme $-1 < \frac{1}{2} < 1$, on sait que $\lim_{n \to +\infty} \left(\frac{1}{2}\right)^{n+1} = 0$. Donc :

$\boxed{\lim_{n \to +\infty} \mathrm{L}_n = 2\sqrt{5}}$.

c. Mesure de l'angle $(\overrightarrow{\mathrm{OM}_0}, \overrightarrow{\mathrm{OM}_n})$

Pour tout n de $\mathbb{N}$, le nombre complexe z_n est non nul (son module est non nul).

$$\begin{aligned}
(\overrightarrow{\mathrm{OM}_0}, \overrightarrow{\mathrm{OM}_n}) &= \arg z_n - \arg z_0 && [2\pi] \\
&= \arg\left(\frac{z_n}{z_0}\right) && [2\pi] \\
&= \arg\left(\frac{i}{2}\right)^n && [2\pi] \\
&= n\frac{\pi}{2} && [2\pi]
\end{aligned}$$

Les points O, M_0 et M_n sont alignés si et seulement si : $n\frac{\pi}{2} = k\pi$ $(k \in \mathbb{Z})$. Soit $n = 2k$.

$\boxed{\text{Si } n \text{ est pair alors les points O, } \mathrm{M}_0 \text{ et } \mathrm{M}_n \text{ sont alignés}}$.

EXERCICE 2

1. Le professeur interroge au hasard trois élèves

Le nombre de résultats possibles de cette épreuve est égal au nombre de sous-ensembles de trois éléments d'un ensemble qui en contient 30. Le professeur a donc C_{30}^3 façons de choisir trois élèves et tous les choix possibles ont la même probabilité de se produire.

Soit A l'événement: «exactement deux des trois élèves interrogés sont des garçons».

Calculons le nombre de façons de choisir exactement deux garçons et une fille dans la classe. Il y a C_{20}^2 choix possibles de deux garçons et 10 choix pour la fille, donc il y a $10 \times C_{20}^2$ choix de trois élèves réalisant l'événement A. Comme il y a équiprobabilité des choix on a:

$$p(A) = \frac{10 \times C_{20}^2}{C_{30}^3} = \frac{10 \times 10 \times 19}{\frac{30 \times 29 \times 28}{3 \times 2 \times 1}} = \frac{95}{203}$$

$$\boxed{p(A) = \frac{95}{203}}$$

Soit B l'événement: «les trois élèves sont de même sexe».

B est la réunion des deux événements incompatibles suivants:

B_1 : «les trois élèves sont des garçons» ;

B_2 : «les trois élèves sont des filles».

Le nombre de choix de trois garçons est égal à C_{20}^3 et le nombre de choix de trois filles parmi dix est C_{10}^3. Donc, puisqu'il y a équiprobabilité des choix : $p(B_1) = \frac{C_{20}^3}{C_{30}^3}$ et $p(B_2) = \frac{C_{10}^3}{C_{30}^3}$. D'où :

$p(B) = p(B_1 \cup B_2) = p(B_1) + p(B_2)$ (B_1 et B_2 étant incompatibles).

$$p(B) = \frac{20 \times 19 \times 18}{30 \times 29 \times 28} + \frac{10 \times 9 \times 8}{30 \times 29 \times 28} = \frac{9}{29} \quad \boxed{p(B) = \frac{9}{29}}$$

Soit C l'événement: «il y a au plus une fille parmi les trois élèves interrogés».

C est la réunion des deux événements incompatibles suivants:

C_0 : « il y a zéro fille, donc trois garçons interrogés». $C_0 = B_1$.

C_1 : «il y a exactement une fille parmi les élèves interrogés». $C_1 = A$.

C_0 et C_1 étant incompatibles, on a:

$p(C) = p(C_0 \cup C_1) = p(C_0) + p(C_1) = p(B_1) + p(A)$

$$p(C) = \frac{C_{20}^3}{C_{30}^3} + \frac{95}{203} = \frac{57}{203} + \frac{95}{203} = \frac{152}{203} \quad \boxed{p(C) = \frac{152}{203}}$$

2. On choisit au hasard deux délégués de sexes différents

Le nombre de choix possibles est le nombre de façons de choisir un garçon et une fille. Il y a 20 choix pour le garçon et 10 choix pour la fille, soit 20×10 choix de deux délégués de sexes différents. Tous ces choix sont supposés équiprobables puisqu'on choisit au hasard.

Soit D l'événement : «les deux délégués sont internes».

Les élèves de la classe se répartissent suivant le tableau suivant.

	internes	non internes	total
filles	4	6	10
garçons	15	5	20
total	19	11	30

Les choix d'une fille interne et d'un garçon interne sont au nombre de 4×15 (quatre choix possibles pour une fille interne et 15 choix pour un garçon interne). D'où, puisque les choix possibles sont équiprobables,

$$p(\text{D}) = \frac{15 \times 4}{20 \times 10} = \frac{3}{10} \qquad \boxed{p(\text{D}) = \frac{3}{10}}$$

Soit E l'événement: «un seul des deux délégués est interne».

E est réalisé si on choisit: une fille interne et un garçon non interne ou une fille non interne et un garçon interne. On a 4 choix pour une fille interne et 5 choix pour un garçon non interne, donc $4 \times 5 = 20$ choix possibles et on a 6 choix pour une fille non interne et 15 pour un garçon interne, soit $6 \times 15 = 90$ choix possibles. Soit au total $90 + 20 = 110$ choix possibles réalisant l'événement E. D'où :

$$p(\text{E}) = \frac{110}{20 \times 10} = \frac{11}{20} \qquad \boxed{p(\text{E}) = \frac{11}{20}}$$

3. Schéma de Bernoulli

a. À chaque séance, le professeur répète la même épreuve: il choisit au hasard un élève pour effacer le tableau. On suppose que les choix sont indépendants les uns des autres et on appelle succès le choix d'une fille et échec le choix d'un garçon. La probabilité du succès est $\frac{10}{30} = \frac{1}{3}$ et celle de l'échec est $\frac{2}{3}$.

Soit F l'événement: «le tableau a été effacé au moins une fois par une fille à l'issue de n séances».

L'événement contraire $\bar{F}$ est: « le tableau a été effacé par un garçon au cours de n séances ». $\bar{F}$ est l'événement : « obtenir n échecs au cours des n épreuves ». Donc

$$p(\bar{F}) = \left(\frac{2}{3}\right)^n$$

et donc $p(F) = P_n = 1 - \left(\frac{2}{3}\right)^n$ $\boxed{P_n = 1 - \left(\frac{2}{3}\right)^n}$

b. Calculons le nombre minimal de séances pour que $P_n \geqslant 0{,}9999$

Il s'agit de résoudre dans $\mathbb{N}$ l'inéquation

$$1 - \left(\frac{2}{3}\right)^n \geqslant 0{,}9999.$$

Elle est équivalente aux inéquations suivantes:

$$\left(\frac{2}{3}\right)^n \leqslant 0{,}0001.$$

Les deux membres étant strictement positifs et la fonction ln étant strictement croissante sur $\mathbb{R}_+^*$, on a:

$$n \ln\frac{2}{3} \leqslant \ln 0{,}0001.$$

$\ln\frac{2}{3}$ étant strictement négatif $\left(0 < \frac{2}{3} < 1\right)$, on a:

$$n \geqslant \frac{\ln 0{,}0001}{\ln\frac{2}{3}}.$$

La calculatrice donne $\dfrac{\ln 0{,}0001}{\ln\frac{2}{3}} \approx 22{,}71.$

Le plus petit entier naturel solution est $n = 23$.

Le nombre minimal de séances pour que $P_n \geqslant 0{,}9999$ *est* 23.

PROBLÈME

Partie A – Étude de la fonction *g* définie sur ℝ par: $g(x) = 1 - (x^2 - 2x + 2)e^{-x}$

1. Étude des limites de *g* aux bornes de ℝ

$\lim\limits_{x \to -\infty} e^{-x} = +\infty$ et $\lim\limits_{x \to -\infty} -(x^2 - 2x + 2) = \lim\limits_{x \to -\infty} -x^2 = -\infty$.

Donc: $\boxed{\lim\limits_{x \to -\infty} g(x) = -\infty}$.

$\lim\limits_{x \to +\infty} e^{-x} = 0$ et $\lim\limits_{x \to +\infty} xe^{-x} = 0$ et $\lim\limits_{x \to +\infty} x^2e^{-x} = 0$.

Donc: $\boxed{\lim\limits_{x \to +\infty} g(x) = \lim\limits_{x \to +\infty} (1 - x^2e^{-x} + 2xe^{-x} - 2e^{-x}) = 1}$.

2. Étude du signe de la dérivée de *g*

g est dérivable sur ℝ et l'on a pour tout réel x:

$g'(x) = -(2x-2)e^{-x} + (x^2 - 2x + 2)e^{-x}$. D'où :

$$\boxed{g'(x) = e^{-x}(x-2)^2}.$$

L'exponentielle est une fonction strictement positive, donc $g'(x)$ a le signe de $(x-2)^2$. Soit, pour tout réel x : $\boxed{g'(x) \geqslant 0}$.

3. Variations de *g*

La fonction g est strictement croissante sur ℝ, car sa dérivée est strictement positive sur $]-\infty, 2[\cup]2, +\infty[$ et est nulle au point 2:

x	$-\infty$		2		$+\infty$
$g'(x)$		$+$	0	$+$	
$g(x)$	$-\infty$	↗	$1 - 2e^{-2}$	↗	1

4. Étude de l'équation: $g(x) = 0$

La fonction g est dérivable sur ℝ, strictement croissante sur ℝ, $\lim\limits_{-\infty} g = -\infty$ et $\lim\limits_{+\infty} g = 1$. Donc g est une bijection de ℝ sur $]-\infty, 1[$. Le réel 0 qui appartient à $]-\infty, 1[$ a un antécédent unique α dans ℝ.

$$g(0{,}35) \approx -0{,}0024 \text{ et } g(0{,}36) \approx 0{,}0166.$$

On a donc : $g(0{,}35) < g(\alpha) < g(0{,}36)$. La fonction g étant croissante sur ℝ, on a

$$\boxed{0{,}35 < \alpha < 0{,}36}.$$

5. Signe de $g(x)$

La fonction g étant strictement croissante sur $\mathbb{R}$, sachant que $g(\alpha) = 0$ on a:

$$\boxed{\begin{cases} \text{Si } x \in]-\infty, \alpha[\text{ alors } g(x) < 0 \\ \text{Si } x \in]\alpha, +\infty[\text{ alors } g(x) > 0 \\ g(\alpha) = 0 \end{cases}}$$

Partie B – Étude de la fonction *f* définie sur $\mathbb{R}$ par: $f(x) = x - 1 + (x^2 + 2)e^{-x}$

1. Limites de *f* aux bornes de $\mathbb{R}$

Pour tout réel x on a: $f(x) = (xe^x - e^x + x^2 + 2)e^{-x}$.

$$\begin{cases} \lim\limits_{x \to -\infty} e^{-x} = +\infty \\ \lim\limits_{x \to -\infty} (xe^x - e^x) = 0 \\ \lim\limits_{x \to -\infty} (x^2 + 2) = +\infty \end{cases} \text{ donc: } \boxed{\lim\limits_{x \to -\infty} f(x) = +\infty}$$

Pour tout réel x on a: $f(x) = x - 1 + x^2e^{-x} + 2e^{-x}$.

$$\begin{cases} \lim\limits_{x \to +\infty} (x - 1) = +\infty \\ \lim\limits_{x \to +\infty} x^2e^{-x} = 0 \\ \lim\limits_{x \to +\infty} 2e^{-x} = 0 \end{cases} \text{ donc: } \boxed{\lim\limits_{x \to +\infty} f(x) = +\infty}$$

2. Calcul de la fonction dérivée f'

La fonction f est dérivable sur $\mathbb{R}$, et pour tout réel x,

$$f'(x) = 1 + 2xe^{-x} - (x^2 + 2)e^{-x} = 1 - (x^2 - 2x + 2)e^{-x} = g(x)$$

$$\boxed{f'(x) = g(x)}$$

3. Variations de *f*

En utilisant le signe de la fonction g obtenu au **A – 5.**, on déduit le tableau de variation suivant:

x	$-\infty$		α		$+\infty$
$f'(x)$		$-$	0	$+$	
$f(x)$	$+\infty$	$\searrow$	$f(\alpha)$	$\nearrow$	$+\infty$

4. Encadrement de $f(\alpha)$

a. Calcul de $f(\alpha)$

On sait que $g(\alpha) = 1-(\alpha^2-2\alpha+2)e^{-\alpha} = 0$.

Soit $\alpha^2 e^{-\alpha} = 1+2\alpha e^{-\alpha}-2e^{-\alpha}$.

$f(\alpha) = \alpha-1+1+2\alpha e^{-\alpha}-2e^{-\alpha}+2e^{-\alpha}$. Soit $\boxed{f(\alpha) = \alpha(1+2e^{-\alpha})}$.

b. Encadrement de $f(\alpha)$ d'amplitude 4×10^{-2}

Sachant que la fonction $x \mapsto e^{-x}$ est décroissante sur $\mathbb{R}$, on en déduit que:

$$e^{-0{,}36} \leqslant e^{-\alpha} \leqslant e^{-0{,}35}$$

$$1+2e^{-0{,}36} \leqslant 1+2e^{-\alpha} \leqslant 1+2e^{-0{,}35}$$

$$0{,}35(1+2e^{-0{,}36}) \leqslant f(\alpha) \leqslant 0{,}36(1+2e^{-0{,}35})$$

$$\boxed{0{,}83 \leqslant f(\alpha) \leqslant 0{,}87}$$

5. Asymptote Δ à (C)

$$\lim_{x\to+\infty} [f(x)-(x-1)] = \lim_{x\to+\infty} (x^2+2)e^{-x} = \lim_{x\to+\infty} (x^2e^{-x}+2e^{-x}) = 0$$

On en déduit que la droite Δ d'équation $y = x-1$ est asymptote à (C) en $+\infty$. Comme pour tout réel x, on a $(x^2+2)e^{-x}>0$ la courbe (C) est au-dessus de Δ.

6. Tangente T à (C) au point d'abscisse 0

On a $f(0) = 1$ et $f'(0) = -1$. Donc une équation de T est:

$$\boxed{y = -x+1}.$$

7. Représentation graphique

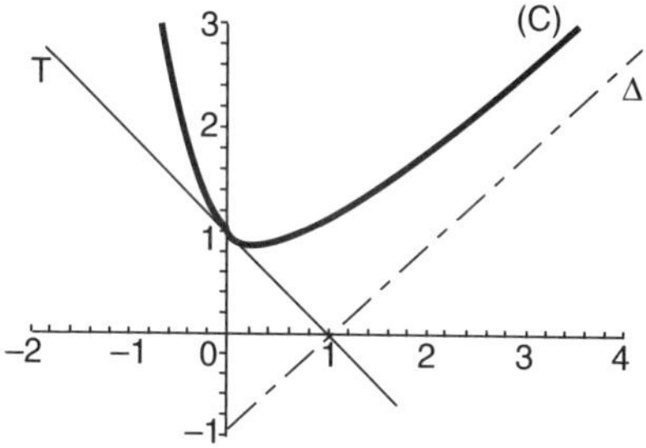

8. Calcul d'aire

a. Primitives de $x \mapsto (x^2 + 2)e^{-x}$

La fonction $x \mapsto (x^2 + 2)e^{-x}$ est continue sur $]-\infty, +\infty[$, donc admet des primitives sur $]-\infty, +\infty[$.

Soit la fonction définie sur $\mathbb{R}$ par $P(x) = (ax^2 + bx + c)e^{-x}$. Cette fonction est dérivable sur $\mathbb{R}$ et l'on a donc pour tout réel x, $P'(x) = [-ax^2 + (2a - b)x + (b - c)]e^{-x}$.

P est une primitive sur $\mathbb{R}$ de $x \mapsto (x^2 + 2)e^{-x}$ si et seulement si pour tout réel x on a $P'(x) = (x^2 + 2)e^{-x}$.

Soit $x^2 + 2 = -ax^2 + (2a - b)x + (b - c)$ ou encore pour tout réel x, $(1 + a)x^2 + (2a - b)x + (b - c - 2) = 0$, ce qui est équivalent à :

$$\begin{cases} 1 + a = 0 \\ 2a - b = 0 \\ b - c - 2 = 0 \end{cases} \Leftrightarrow \begin{cases} a = -1 \\ b = -2 \\ c = -4 \end{cases} \text{ soit: } \boxed{P(x) = (-x^2 - 2x - 4)e^{-x}}$$

b. Calcul de l'aire $\mathscr{A}$ en cm²

La courbe est au-dessus de l'asymptote (Δ), d'où, l'unité d'aire étant de 4 cm², on a

$$\mathscr{A} = 4\int_{-\alpha}^{0} [f(x) - (x - 1)]dx = 4\int_{-\alpha}^{0} (x^2 + 2)e^{-x}dx = 4[P(x)]_{-\alpha}^{0}$$

$$\boxed{\mathscr{A} = 4[-4 - (-\alpha^2 + 2\alpha - 4)e^{\alpha}] \text{ cm}^2}$$

c. Simplification de $\mathscr{A}$

Sachant que $g(\alpha) = 0$, on a: $e^{\alpha} = \alpha^2 - 2\alpha + 2$.

Soit : $-e^{\alpha} - 2 = -\alpha^2 + 2\alpha - 4$.

$$\mathscr{A} = [-16 - 4(-e^{\alpha} - 2)e^{\alpha}] \text{ cm}^2$$

$$\boxed{\mathscr{A} = (4e^{2\alpha} + 8e^{\alpha} - 16) \text{ cm}^2}$$

Partie C – Étude d'une suite

1. Montrons que pour x élément de [1 ; 2] on a : $1 \leqslant f(x) \leqslant 2$

La fonction f est croissante sur [1; 2], donc si $1 \leqslant x \leqslant 2$ alors $f(1) \leqslant f(x) \leqslant f(2)$. Or $f(1) \approx 1{,}1$ et $f(2) \approx 1{,}8$, donc pour tout réel x de [1 ; 2] :

$$\boxed{1 \leqslant f(x) \leqslant 2}$$

2. Montrons que pour tout x élément de [1 ; 2] on a : $0 \leqslant f'(x) \leqslant \frac{3}{4}$

On sait que pour tout réel x, $f'(x) = g(x)$ et que g est strictement croissante sur $\mathbb{R}$, donc si $1 \leqslant x \leqslant 2$ alors $f'(1) \leqslant f'(x) \leqslant f'(2)$. Or $f'(1) \approx 0{,}63$ et $f'(2) \approx 0{,}73$, donc :

$$\boxed{0 \leqslant f'(x) \leqslant \frac{3}{4}}$$

3. Recherche de la solution de l'équation $f(x) = x$

Étudions les variations de la fonction h définie sur [1; 2] par $h(x) = f(x) - x$. Pour tout réel x de [1 ; 2] : $h'(x) = f'(x) - 1$. D'après la question précédente, pour tout réel x de [1; 2] $h'(x) < 0$. Donc h est strictement décroissante sur [1 ; 2].

La fonction h est dérivable sur [1 ; 2], strictement décroissante sur [1 ; 2]. Donc h est une bijection de [1; 2] sur $[h(2)\ ;\ h(1)]$. Tout élément de $[h(2)\ ;\ h(1)]$ admet par h un unique antécédent appartenant à [1 ; 2]. Or $h(1) \approx 0{,}1$ et $h(2) \approx -0{,}2$. Donc 0 appartient $[h(2)\ ;\ h(1)]$ et possède donc un antécédent unique β par h dans [1 ; 2].

Pour tout x de [1 ; 2] : $h(x) = f(x) - x = 0 \Leftrightarrow f(x) = x$.

Donc les équations $f(x) = x$ et $h(x) = 0$ ont le même ensemble de solution. L'équation $f(x) = x$ admet une solution unique β dans [1 ; 2].

4. Soit $(u_n)_{n \in \mathbb{N}}$ la suite définie par $u_0 = 1$ et pour tout entier n : $u_{n+1} = f(u_n)$

a. Démontrons par récurrence que pour tout entier n, $1 \leqslant u_n \leqslant 2$

$u_0 = 1 \in [1\ ;2]$. On suppose la propriété vraie au rang n. D'après la question **B – 1.** : $1 \leqslant f(u_n) \leqslant 2$. Soit : $1 \leqslant u_{n+1} \leqslant 2$. D'après le principe de récurrence on a montré que pour tout entier n : $\boxed{1 \leqslant u_n \leqslant 2}$.

b. Démontrons que pour tout entier n, $|u_{n+1} - \beta| \leq \frac{3}{4}|u_n - \beta|$

La fonction f est dérivable sur [1; 2] et de dérivée bornée sur [1; 2]. Pour tout entier n, β et u_n appartiennent à [1; 2], on peut appliquer l'inégalité des accroissements finis à f entre β et u_n ; pour tout entier n:

$$|f(u_n) - f(\beta)| \leq \frac{3}{4}|u_n - \beta|$$

$$\boxed{|u_{n+1} - \beta| \leq \frac{3}{4}|u_n - \beta|}$$

car $f(u_n) = u_{n+1}$ et $f(\beta) = \beta$.

c. Démontrons par récurrence que pour tout entier n, $|u_n - \beta| \leq \left(\frac{3}{4}\right)^n$

$|u_0 - \beta| = |1 - \beta| \leq \left(\frac{3}{4}\right)^0 \leq 1$ car $\beta \in [1\,;2]$.

On suppose la propriété vraie au rang n $\left(|u_n - \beta| \leq \left(\frac{3}{4}\right)^n\right)$. On a, d'après

4.b. pour tout entier n: $|u_{n+1} - \beta| \leq \frac{3}{4}|u_n - \beta|$. D'où :

$$|u_{n+1} - \beta| \leq \frac{3}{4}\left(\frac{3}{4}\right)^n \text{ et donc } |u_{n+1} - \beta| \leq \left(\frac{3}{4}\right)^{n+1}$$

D'après le principe de récurrence on a montré que pour tout entier n:

$$\boxed{|u_n - \beta| \leq \left(\frac{3}{4}\right)^n}.$$

d. Limite de la suite (u_n)

On sait que: $-1 < \frac{3}{4} < 1$. Donc: $\lim\limits_{n \to +\infty} \left(\frac{3}{4}\right)^n = 0$. La suite (u_n) est donc convergente et: $\boxed{\lim\limits_{n \to +\infty} u_n = \beta}$

c. Déterminons n_0 tel que pour tout $n \geq n_0$ on ait: $|u_n - \beta| \leq 10^{-2}$

Si on choisit $\left(\frac{3}{4}\right)^n \leq 10^{-2}$ alors $|u_n - \beta| \leq 10^{-2}$.

Or pour tout entier n on a $\left(\frac{3}{4}\right)^n \leq 10^{-2} \Leftrightarrow n \geq \frac{\ln 10^{-2}}{\ln 3 - \ln 4} \approx 16{,}008$.

Tout entier supérieur ou égal à 17 est un entier n_0 cherché.

SUJET **5**

AMÉRIQUE DU NORD

Juin 1997

Exercice 1 (obligatoire) (5 points)
- Probabilité
- Probabilité conditionnelle

Exer cice 2 (4 points)
- Équation différentielle

Problème (11 points)
- Fonction logarithme
- Inégalité des accroissements finis
- Suite

EXERCICE 1 (obligatoire)

Juliette débute un jeu dans lequel elle a autant de chances de gagner ou de perdre la première partie. On admet que, si elle gagne une partie, la probabilité qu'elle gagne la partie suivante est 0,6, et si elle perd une partie, la probabilité pour qu'elle perde la partie suivante est 0,7.

On note, pour n entier naturel non nul:

G_n l'événement «Juliette gagne la n-ième partie»,

P_n l'événement «Juliette perd la n-ième partie».

I. 1. Déterminer les probabilités $p(G_1)$, $p(G_2/G_1)$ et $p(G_2/P_1)$.
En déduire la probabilité $p(G_2)$. **1 pt**

2. Calculer $p(P_2)$. **0,5 pt**

II. On pose, pour n entier naturel non nul, $x_n = p(G_n)$ et $y_n = p(P_n)$.

1. Déterminer, pour n entier naturel non nul, les probabilités $p(P_{n+1}/G_n)$ et $p(G_{n+1}/P_n)$. **0,5 pt**

2. Montrer que pour tout n entier naturel non nul:

$$\begin{cases} x_{n+1} = 0{,}6x_n + 0{,}3y_n \\ y_{n+1} = 0{,}4x_n + 0{,}7y_n \end{cases}$$ **1 pt**

3. Pour n entier naturel non nul, on pose $v_n = x_n + y_n$ et $w_n = 4x_n - 3y_n$.

a. Montrer que la suite (v_n) est constante de terme général égal à 1. *0,5 pt*

b. Montrer que la suite (w_n) est géométrique et exprimer w_n en fonction de n. *0,5 pt*

4. a. Déduire du **3.** l'expression de x_n en fonction de n. *0,5 pt*

b. Montrer que la suite (x_n) converge et déterminer sa limite. *0,5 pt*

EXERCICE 2

On considère l'équation différentielle (E): $y'' + 2y' + 5y = 2x + 3$.

1. Déterminer les réels a et b pour que la fonction f définie sur $\mathbb{R}$ par $f(x) = ax + b$ soit solution de cette équation. *1 pt*

2. Soit g une fonction numérique définie sur $\mathbb{R}$. Montrer que g vérifie (E) si et seulement si $g - f$ vérifie l'équation (E') : $y'' + 2y' + 5y = 0$. *1 pt*

3. Résoudre (E') et en déduire la solution générale de (E). *1 pt*

4. Déterminer la fonction numérique h, solution particulière de (E) vérifiant les conditions initiales $h(0) = 1$ et $h'(0) = 1$. *1 pt*

PROBLÈME

La partie **D** *est indépendante des parties* **B** *et* **C**.

Le plan est muni d'un repère orthonormal $(O ; \vec{i}, \vec{j})$ (unité 3 cm).

On considère la fonction numérique f définie sur $\mathbb{R}$ par $f(x) = \ln(x^2 - 2x + 2)$.

On désigne par (C) sa courbe représentative dans $(O ; \vec{i}, \vec{j})$.

Partie A

1. Justifier que, pour tout x réel, $x^2 - 2x + 2 > 0$. *0,5 pt*

2. Déterminer la fonction dérivée f' de f et étudier le sens de variation de f sur $\mathbb{R}$. *0,5 pt*

3. Déterminer les limites de f en $+\infty$ et en $-\infty$. *0,5 pt*

4. Représenter (C) et la droite (Δ) d'équation $y = x$: on montrera que la droite d'équation $x = 1$ est un axe de symétrie de (C) et on placera les points d'abscisse 0 et 2 ainsi que les tangentes à la courbe en ces points.

0,75 pt

Partie B

On s'intéresse à l'intersection de (C) et de (Δ).

On pose, pour tout réel x, $\varphi(x) = f(x) - x$.

1. Déterminer la fonction dérivée φ' de φ. En déduire que φ est strictement décroissante sur $\mathbb{R}$. *0,5 pt*

2. a. Déterminer la limite de φ en $-\infty$. *0,5 pt*

b. Montrer que pour tout réel x strictement positif,

$$\varphi(x) = x\left(\frac{2\ln x}{x} + \frac{\ln\left(1 - \frac{2}{x} + \frac{2}{x^2}\right)}{x} - 1\right).$$

En déduire la limite de φ en $+\infty$. *0,5 pt*

3. Montrer que φ est une bijection de $\mathbb{R}$ sur $\mathbb{R}$.

En déduire que la droite (Δ) coupe la courbe (C) en un point et un seul.

On désigne par α l'abscisse de ce point. Montrer que $0{,}3 < \alpha < 0{,}4$.

0,75 pt

Partie C

On pose $J = [0{,}3\ ;\ 0{,}4]$.

1. Montrer que la fonction $x \mapsto x^2 - 2x + 2$ est décroissante sur J. En déduire que si x appartient à J alors $f(x)$ appartient à J. *0,5 pt*

2. a. Prouver que pour tout x de J, $|f'(x)| \leqslant 0{,}95$ (on pourra montrer que f' est croissante sur J). *0,5 pt*

b. En déduire que pour tout x de J, $|f(x) - \alpha| \leqslant 0{,}95|x - \alpha|$. *0,5 pt*

3. On définit la suite (u_n) par :

$u_0 = 0{,}3$ et, pour tout entier naturel n, $u_{n+1} = f(u_n)$.

a. Prouver que pour tout n :

- $u_n \in J$.
- $|u_{n+1} - \alpha| \leqslant 0{,}95|u_n - \alpha|$.
- $|u_n - \alpha| \leqslant 0{,}1 \times (0{,}95)^n$.

En déduire que la suite (u_n) converge vers α. **1 pt**

b. Déterminer un entier naturel n_0 tel que pour tout n supérieur ou égal à n_0, $|u_n - \alpha| \leqslant 10^{-3}$. **0,5 pt**

Partie D

On désigne par $\mathscr{A}$ l'aire du domaine compris entre les droites d'équations $x = 0$, $x = \frac{1}{2}$, l'axe des abscisses et la courbe (C). On se propose de déterminer une valeur approchée de $\mathscr{A}$ en unités d'aire.

1. Montrer que la tangente (T) à la courbe (C) au point d'abscisse $\frac{1}{4}$ a pour équation $y = -\frac{24}{25}x + \frac{6}{25} + \ln\frac{25}{16}$. **0,5 pt**

2. Soient les points E d'abscisse 0 et F d'abscisse $\frac{1}{2}$ de la courbe (C).

Montrer que la droite (EF) a pour équation $y = 2\left(\ln\frac{5}{8}\right)x + \ln 2$. **0,5 pt**

3. On admet que sur l'intervalle $\left[0\,;\,\frac{1}{2}\right]$, la courbe (C) est au-dessus de (T) et en dessous de (EF).

a. Montrer que $\int_0^{\frac{1}{2}}\left(-\frac{24}{25}x + \frac{6}{25} + \ln\frac{25}{16}\right)\mathrm{d}x \leqslant \mathscr{A} \leqslant \int_0^{\frac{1}{2}}\left(2\left(\ln\frac{5}{8}\right)x + \ln 2\right)\mathrm{d}x$.

0,5 pt

b. En déduire que $\ln\frac{5}{4} \leqslant \mathscr{A} \leqslant \frac{1}{4}\ln\frac{5}{2}$. **0,5 pt**

c. Donner une valeur approchée de $\mathscr{A}$ à $5 \cdot 10^{-3}$ près. **0,5 pt**

CORRIGÉ

EXERCICE 1

I. Étude des deux premières parties

1. Déterminons $p(G_1)$ et $p(G_2)$

On sait que Juliette a autant de chances de gagner que de perdre la première partie. Donc:

$$\boxed{p(G_1) = \frac{1}{2} \text{ et } p(P_1) = \frac{1}{2}}.$$

L'énoncé nous apprend que, si Juliette gagne la première partie elle gagne la suivante avec une probabilité de 0,6:

$$\boxed{p(G_2/G_1) = 0{,}6}.$$

Si Juliette perd la première partie la probabilité qu'elle perde la seconde est 0,7:

$$\boxed{p(P_2/P_1) = 0{,}7, \quad \text{donc : } p(G_2/P_1) = 0{,}3}.$$

On utilise la formule des probabilités totales. G_1 et P_1 forment une partition de l'ensemble des éventualités, donc:

$$\begin{aligned} p(G_2) &= p(G_2 \cap G_1) + p(G_2 \cap P_1) \\ &= p(G_1) \times p(G_2/G_1) + p(P_1) \times p(G_2/P_1) \\ &= \frac{1}{2} \times 0{,}6 + \frac{1}{2} \times 0{,}3 \end{aligned}$$

$$\boxed{p(G_2) = 0{,}45}.$$

2. Calcul de $p(P_2)$

Si Juliette ne gagne pas la deuxième partie, elle la perd donc:

$$p(P_2) = 1 - p(G_2). \text{ Soit: } \boxed{p(P_2) = 0{,}55}.$$

II. Étude des deux suites $x_n = p(G_n)$ et $y_n = p(P_n)$

1. Déterminons pour tout entier naturel non nul $p(P_{n+1}/G_n)$ et $p(G_{n+1}/P_n)$

On sait que pour tout entier non nul $p(G_{n+1}/G_n) = 0{,}6$. (P_{n+1}/G_n) est l'événement contraire de (G_{n+1}/G_n), donc:

$$\boxed{p(P_{n+1}/G_n) = 0{,}4}.$$

On sait que $p(P_{n+1}/P_n) = 0{,}7$. Donc on a comme précédemment: $\boxed{p(G_{n+1}/P_n) = 0{,}3}$.

2. Relations de récurrence

On utilise la formule des probabilités totales. Sachant que G_n et P_n forment une partition de l'ensemble des éventualités lors de la n-ième partie on a :

$$\begin{cases} p(G_{n+1}) = p(G_{n+1} \cap G_n) + p(G_{n+1} \cap P_n) \\ p(P_{n+1}) = p(P_{n+1} \cap G_n) + p(P_{n+1} \cap P_n) \end{cases}$$

$$\begin{cases} p(G_{n+1}) = p(G_n) \times p(G_{n+1}/G_n) + p(P_n) \times p(G_{n+1}/P_n) \\ p(P_{n+1}) = p(G_n) \times p(P_{n+1}/G_n) + p(P_n) \times p(P_{n+1}/P_n) \end{cases}$$

Donc, avec les notations du texte, on a, pour tout entier naturel n non nul,

$$\boxed{\begin{cases} x_{n+1} = 0{,}6x_n + 0{,}3y_n \\ y_{n+1} = 0{,}4x_n + 0{,}7y_n \end{cases}}$$

3. Étude des suites (v_n) et (w_n) définies pour tout entier naturel n non nul par $v_n = x_n + y_n$ et $w_n = 4x_n - 3y_n$

a. Montrons que (v_n) est une suite stationnaire

P_n et G_n sont deux événements incompatibles et $P_n \cup G_n$ est l'événement certain, donc :

$$p(P_n) + p(G_n) = 1 \Leftrightarrow x_n + y_n = 1$$

La suite (v_n) est stationnaire et pour tout entier n non nul : $\boxed{v_n = 1}$.

b. Montrons que (w_n) est une suite géométrique

Pour tout entier naturel n non nul :

$$\begin{aligned} w_{n+1} &= 4x_{n+1} - 3y_{n+1} \\ &= 4(0{,}6x_n + 0{,}3y_n) - 3(0{,}4x_n + 0{,}7y_n) \\ &= 1{,}2x_n - 0{,}9y_n = 0{,}3(4x_n - 3y_n) = 0{,}3w_n \end{aligned}$$

La suite (w_n) est géométrique de raison 0,3. Le premier terme est $w_1 = 4 \times \frac{1}{2} - 3 \times \frac{1}{2} = \frac{1}{2}$. Donc pour tout entier naturel n non nul :

$$\boxed{w_n = \frac{1}{2}(0{,}3)^{n-1}}.$$

4. Étude de x_n

a. Expression de x_n en fonction de n

Pour tout entier naturel n non nul :

$$\begin{cases} x_n + y_n = 1 \\ 4x_n - 3y_n = \frac{1}{2}(0,3)^{n-1} \end{cases} \Leftrightarrow \begin{cases} x_n + y_n = 1 \\ 7x_n = 3 + \frac{1}{2}(0,3)^{n-1} \end{cases}$$

Donc pour tout entier naturel n non nul :

$$\boxed{x_n = \frac{1}{7}\left[3 + \frac{1}{2}(0,3)^{n-1}\right]}.$$

b. Convergence de la suite (x_n)

On sait que $-1 < 0,3 < 1$. Donc : $\lim\limits_{n \to +\infty} (0,3)^{n-1} = 0$. La suite (x_n) est convergente et on a :

$$\boxed{\lim_{n \to +\infty} x_n = \frac{3}{7}}.$$

EXERCICE 2

Soit l'équation (E) : $y'' + 2y' + 5y = 2x + 3$.

1. Solution particulière de (E) de la forme $f(x) = ax + b$

On a pour tout réel x : $f'(x) = a$ et $f''(x) = 0$. f vérifie l'équation (E) si on a pour tout réel x :

$$0 + 2(a) + 5(ax + b) = 2x + 3 \text{. Soit: } a = \frac{2}{5} \text{ et } b = \frac{11}{25}.$$

Donc f est définie sur $\mathbb{R}$ par $\boxed{f(x) = \frac{2}{5}x + \frac{11}{25}}$.

2. Montrons que g est solution de (E) si et seulement si $g - f$ est solution de (E′) : $y'' + 2y' + 5 = 0$

On suppose que g vérifie (E). Soit pour tout réel x : $g''(x) + 2g'(x) + 5g(x) = 2x + 3$.

Pour tout réel x :

$$\begin{aligned}(g-f)''(x) + 2(g-f)'(x) + 5(g-f)(x) \\ &= g''(x) + 2g'(x) + 5g(x) - [f''(x) + 2f'(x) + 5f(x)] \\ &= 2x + 3 - (2x + 3) \\ &= 0.\end{aligned}$$

Donc $g - f$ est solution de (E′).

Réciproquement, on suppose maintenant que $g - f$ est solution de (E′). On a pour tout réel x :

$$\begin{aligned}(g-f)''(x) + 2(g-f)'(x) + 5(g-f)(x) &= 0\\ g''(x) + 2g'(x) + 5g(x) - [f''(x) + 2f'(x) + 5f(x)] &= 0\\ g''(x) + 2g'(x) + 5g(x) &= [f''(x) + 2f'(x) + 5f(x)]\\ g''(x) + 2g'(x) + 5g(x) &= 2x + 3.\end{aligned}$$

Donc g est solution de (E).

3. Solution générale de (E)

On résout (E′). Son équation caractéristique est: $r^2 + 2r + 5 = 0$, soit $r_1 = -1 + 2i$ et $r_2 = -1 - 2i$.

La solution générale de l'équation (E′) est donc: $\boxed{y = e^{-x}(a\cos 2x + b\sin 2x)}$ où a et b sont des réels quelconques.

D'après la question précédente, g est solution de (E) si et seulement si $g - f$ est solution de (E′), donc si et seulement si, pour tout réel x, $(g-f)(x) = e^{-x}(a\cos 2x + b\sin 2x)$, donc si et seulement si, $g(x) = f(x) + e^{-x}(a\cos 2x + b\sin 2x)$.

D'où la solution générale de l'équation (E) est donc:

$$\boxed{y = \frac{2}{5}x + \frac{11}{25} + e^{-x}(a\cos 2x + b\sin 2x)}$$

4. Solution h vérifiant des conditions initiales

Soit h la solution de (E′) vérifiant $h(0) = 1$ et $h'(0) = 1$

Pour tout réel x on a:

$h'(x) = \frac{2}{5} + e^{-x}(-a\cos 2x - b\sin 2x - 2a\sin 2x + 2b\cos 2x)$.

$$\begin{cases} h(0) = \frac{11}{25} + a = 1 \\ h'(0) = \frac{2}{5} - a + 2b = 1 \end{cases} \Leftrightarrow \begin{cases} a = \frac{14}{25} \\ b = \frac{29}{50} \end{cases}$$

h est définie sur $\mathbb{R}$ par $\boxed{h(x) = \frac{2}{5}x + \frac{11}{25} + e^{-x}\left(\frac{14}{25}\cos 2x + \frac{29}{50}\sin 2x\right)}$

PROBLÈME

Partie A

1. Étude du signe de $x^2 - 2x + 2$

Pour tout réel x, on a : $x^2 - 2x + 2 = (x-1)^2 + 1 \geqslant 1$.

Donc, pour tout réel x, on a: $\boxed{x^2 - 2x + 2 > 0}$.

2. Sens de variation de la fonction f définie sur $\mathbb{R}$ par: $f(x) = \ln(x^2 - 2x + 2)$

D'après la question précédente la fonction f est définie sur $\mathbb{R}$.

La fonction f est dérivable sur $\mathbb{R}$, car composée de la fonction polynôme $x \mapsto x^2 - 2x + 2$, qui est dérivable et strictement positive sur $\mathbb{R}$, et de la fonction logarithme népérien, qui est dérivable sur $\mathbb{R}_+^*$. On a pour tout réel x

$$\boxed{f'(x) = \frac{2x-2}{x^2 - 2x + 2}}$$

La fonction f' a donc sur $\mathbb{R}$ le signe de $(2x-2)$; donc:

$$\boxed{\begin{cases} \text{sur }]-\infty\ ;\ 1] \text{ la fonction } f \text{ est décroissante} \\ \text{sur } [1\ ;\ +\infty[\text{ la fonction } f \text{ est croissante} \end{cases}}$$

3. Limites de f aux bornes de $\mathbb{R}$

$\lim\limits_{x \to +\infty} (x^2 - 2x + 2) = \lim\limits_{x \to +\infty} x^2 = +\infty$ donc $\boxed{\lim\limits_{x \to +\infty} f(x) = +\infty}$

$\lim\limits_{x \to -\infty} (x^2 - 2x + 2) = \lim\limits_{x \to -\infty} x^2 = +\infty$ donc $\boxed{\lim\limits_{x \to -\infty} f(x) = +\infty}$

4. Représentation graphique

Montrons que la droite d'équation $x = 1$ est un axe de symétrie de (C).

On fait un changement de repère, la nouvelle origine étant le point de coordonnées (1, 0).

Soit M un point de coordonnées $(x\ ;\ y)$ dans le repère d'origine O et de coordonnées (X; Y) dans le nouveau repère. On a: $\begin{cases} x = \mathrm{X} + 1 \\ y = \mathrm{Y} \end{cases}$.

Le point $\mathrm{M}(x\ ;\ y)$ dans le repère d'origine O appartient à (C) si et seulement si $y = f(x)$, c'est-à-dire si et seulement si $y = \ln(x^2 - 2x + 2)$, soit $\mathrm{Y} = \ln[(\mathrm{X}+1)^2 - 2(\mathrm{X}+1) + 2] = \ln(\mathrm{X}^2 + 1)$.

La fonction $\mathrm{X} \mapsto \ln(\mathrm{X}^2 + 1)$ est une fonction paire; sa représentation graphique (C) dans le nouveau repère est donc symétrique par rapport au nouvel axe des ordonnées. La droite d'équation $x = 1$ est axe de symétrie de (C).

Déterminons des équations des tangentes aux points d'abscisses 0 et 2 :

Au point d'abscisse 0 $\begin{cases} f(0) = \ln 2 \\ f'(0) = -1 \end{cases}$ donc : $y = -x + \ln 2$

Au point d'abscisse 2 $\begin{cases} f(2) = \ln 2 \\ f'(2) = 1 \end{cases}$ donc : $y = x - 2 + \ln 2$

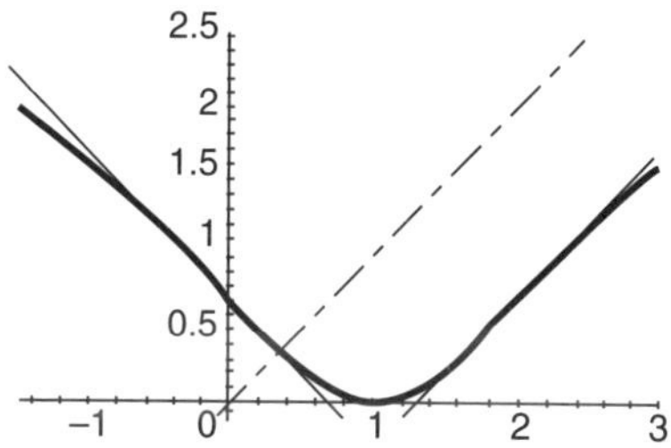

Partie B

1. Sens de variation de la fonction φ définie sur $\mathbb{R}$ par $\varphi(x) = f(x) - x$

Pour tout réel x,

$$\varphi'(x) = f'(x) - 1 = \frac{2x-2}{x^2-2x+2} - 1 \text{. Donc : } \boxed{\varphi'(x) = -\frac{(x-2)^2}{x^2-2x+2}}.$$

Pour tout réel x, on a $\varphi'(x) \leq 0$. La fonction φ est strictement décroissante sur $\mathbb{R}$.

2. Étude des limites de φ aux bornes de $\mathbb{R}$

a. Limite de φ en $-\infty$

$$\begin{cases} \lim\limits_{x \to -\infty} f(x) = +\infty \\ \lim\limits_{x \to -\infty} (-x) = +\infty \end{cases} \text{ donc : } \boxed{\lim_{x \to -\infty} \varphi(x) = +\infty}$$

b. Limite de φ en $+\infty$

Pour tout réel x strictement positif,

$$\varphi(x) = \ln(x^2 - 2x + 2) - x = \ln x^2\left(1 - \frac{2}{x} + \frac{2}{x^2}\right) - x$$

$$= 2\ln x + \ln\left(1 - \frac{2}{x} + \frac{2}{x^2}\right) - x$$

$$= x\left[\frac{2\ln x}{x} + \frac{\ln\left(1 - \frac{2}{x} + \frac{2}{x^2}\right)}{x} - 1\right]$$

comme: $\begin{cases} \lim\limits_{x \to +\infty} \dfrac{\ln x}{x} = 0 \\ \lim\limits_{x \to +\infty} \ln\left(1 - \dfrac{2}{x} + \dfrac{2}{x^2}\right) = 0 \end{cases}$ on a: $\boxed{\lim\limits_{x \to +\infty} \varphi(x) = -\infty}$

3. Intersection de (C) et (Δ)

La fonction φ est dérivable et strictement décroissante sur $\mathbb{R}$, $\lim\limits_{+\infty} \varphi = -\infty$ et $\lim\limits_{-\infty} \varphi = +\infty$. Donc φ est une bijection de $\mathbb{R}$ sur $\mathbb{R}$. Le réel 0 a donc un antécédent unique α appartenant à $\mathbb{R}$. Or les deux équations $\varphi(x) = 0$ et $f(x) = x$ ont le même ensemble de solutions. L'équation $f(x) = x$ a une seule solution $x = \alpha$. La courbe (C) et la droite (Δ) se coupent en un unique point d'abscisse α.

$\varphi(0{,}3) \approx 0{,}0988$ et $\varphi(0{,}4) \approx -0{,}0925$.

On a donc $\varphi(0{,}4) < \varphi(\alpha) < \varphi(0{,}3)$.

La fonction φ étant décroissante sur $\mathbb{R}$, on a: $\boxed{0{,}3 < \alpha < 0{,}4.}$

Partie C

1. Montrons que si x est élément de J = [0,3 ; 0,4] alors $f(x)$ est élément de J

Soit g la fonction définie sur $\mathbb{R}$ par: $g(x) = x^2 - 2x + 2$. On a pour tout réel x: $g'(x) = 2x - 2$. Donc g est décroissante sur J et donc pour tout réel x de J on a: $g(0{,}4) \leqslant g(x) \leqslant g(0{,}3)$.

Pour tout réel x de J, $g(x) > 0$, la fonction logarithme étant croissante sur $\mathbb{R}_+^*$ on a:

$$\ln[g(0{,}4)] \leqslant \ln[g(x)] \leqslant \ln[g(0{,}3)]$$

$$f(0{,}4) \leqslant f(x) \leqslant f(0{,}3).$$

On a vu au **B-3.** que $f(0{,}3) \leqslant 0{,}4$ et $f(0{,}4) \geqslant 0{,}3$. Donc $\boxed{\text{pour tout } x \text{ de J, } f(x) \in \text{J}}$.

2. Inégalité des accroissements finis

a. Montrons que pour tout x élément de J : $|f'(x)| \leqslant 0{,}95$

Pour tout réel x de J, $f''(x) = \dfrac{-2x(x-2)}{(x^2-2x+2)^2}$. Sur l'intervalle $J \subset]0\,;2[$ on a $f''(x) > 0$. Donc f' est strictement croissante sur J. Pour tout x de J on a: $f'(0{,}3) \leqslant f'(x) \leqslant f'(0{,}4)$. On a $f'(0.3) \approx -0{,}9396$ et $f'(0.4) \approx -0{,}882$. On a donc pour tout x de J: $-0{,}94 \leqslant f'(x) \leqslant -0{,}88$. On peut en conclure que pour tout x de J: $\boxed{|f'(x)| \leqslant 0{,}95}$.

b. En déduire que pour tout x de J : $|f(x) - \alpha| \leqslant 0{,}95|x - \alpha|$

La fonction f est dérivable de dérivée bornée sur J. On peut donc appliquer l'inégalité des accroissements finis à f entre les deux réels α et x de J :

$$|f(x) - f(\alpha)| \leqslant 0{,}95|x-\alpha| \Leftrightarrow \boxed{|f(x)-\alpha| \leqslant 0{,}95|x-\alpha|}$$

3. On définit la suite $(u_n)_{n \in \mathbb{N}}$ par $u_0 = 0{,}3$ et pour tout entier n : $u_{n+1} = f(u_n)$

a. Montrons que (u_n) converge vers α

- $u_0 \in J$. On suppose que pour un entier n on a $u_n \in J$, on a vu au **C-1.** que $u_{n+1} = f(u_n) \in J$.

D'après le principe du raisonnement par récurrence on a montré que: $\boxed{\text{pour tout entier } n : (u_n \in J)}$.

- On peut donc appliquer l'inégalité de **C-2.b.** à $x = u_n$ d'où pour tout n de $\mathbb{N}$:

$$|f(u_n) - \alpha| \leqslant 0{,}95|u_n - \alpha| \text{ soit: } \boxed{|u_{n+1} - \alpha| \leqslant 0{,}95|u_n - \alpha|}$$

- $|u_0 - \alpha| \leqslant 0{,}1 \times (0{,}95)^0$ car $\alpha \in J$. On suppose que pour un entier n on a $|u_n - \alpha| \leqslant 0{,}1 \times (0{,}95)^n$.

On a successivement :

$$\begin{aligned} |u_{n+1} - \alpha| &\leqslant 0{,}95|u_n - \alpha| \\ &\leqslant 0{,}95 \times 0{,}1 \times (0{,}95)^n \\ &\leqslant 0{,}1 \times (0{,}95)^{n+1}. \end{aligned}$$

D'après le principe de raisonnement par récurrence on a montré que pour tout entier n:

$$\boxed{|u_n - \alpha| \leqslant 0{,}1 \times (0{,}95)^n}$$

Comme $-1 < 0{,}95 < 1$ on sait que $\lim_{n \to +\infty} (0{,}95)^n = 0$. Donc la suite (u_n) est convergente et:

$$\boxed{\lim_{n \to +\infty} u_n = \alpha}$$

b. Déterminons un entier naturel n_0 tel que pour tout $n \geqslant n_0$: $|u_n - \alpha| \leqslant 10^{-3}$

Si on choisit une valeur de n telle que: $0{,}1 \times (0{,}95)^n \leqslant 10^{-3}$ alors la propriété sera vérifiée.

$$0{,}1 \times (0{,}95)^n \leqslant 10^{-3} \Leftrightarrow n \geqslant \frac{\ln(10^{-2})}{\ln(0{,}95)} \approx 89{,}78 .$$

Tout entier naturel n_0 supérieur ou égal à 90 répond à la question.

Partie D

1. Équation de la tangente (T) à (C) au point d'abscisse $\frac{1}{4}$

$f\left(\frac{1}{4}\right) = \ln\frac{25}{16}$ et $f'\left(\frac{1}{4}\right) = -\frac{24}{25}$. Donc une équation de (T) est:

$y - \ln\frac{25}{16} = -\frac{24}{25}\left(x - \frac{1}{4}\right)$. Soit:

$$\boxed{y = -\frac{24}{25}x + \frac{6}{25} + \ln\frac{25}{16}}$$

2. Équation de la droite (EF)

$E(0, \ln 2)$ et $F\left(\frac{1}{2}, \ln\frac{5}{4}\right)$. Donc une équation de (EF) est:

$$\begin{vmatrix} x & \frac{1}{2} \\ y - \ln 2 & \ln\frac{5}{8} \end{vmatrix} = 0 . \text{ Soit: } \boxed{y = 2\left(\ln\frac{5}{8}\right)x + \ln 2}$$

3. Calcul d'aire

a. On admet que sur $\left[0 ; \frac{1}{2}\right]$ (C) est au-dessus de (T) et au-dessous de (EF). Donc sur $\left[0 ; \frac{1}{2}\right]$:

$$-\frac{24}{36}x + \frac{6}{25} + \ln\frac{25}{16} \leqslant f(x) \leqslant 2\left(\ln\frac{5}{8}\right)x + \ln 2 .$$

On a $0 < \frac{1}{2}$. Les intégrales des trois fonctions précédentes sont dans le même ordre que les fonctions. D'où :

$$\int_0^{\frac{1}{2}}\left(-\frac{24}{25}x+\frac{6}{25}+\ln\frac{25}{16}\right)\mathrm{d}x \leqslant \int_0^{\frac{1}{2}} f(x)\,\mathrm{d}x \leqslant \int_0^{\frac{1}{2}}\left(2\left(\ln\frac{5}{8}\right)x+\ln 2\right)\mathrm{d}x$$

b. En déduire que: $\ln\frac{5}{4} \leqslant \mathscr{A} \leqslant \frac{1}{4}\ln\frac{5}{2}$

$$\int_0^{\frac{1}{2}}\left(-\frac{24}{25}x+\frac{6}{25}+\ln\frac{25}{16}\right)\mathrm{d}x = \left[-\frac{12}{25}x^2+\left(\frac{6}{25}+\ln\frac{25}{16}\right)x\right]_0^{\frac{1}{2}} = \ln\frac{5}{4}$$

$$\int_0^{\frac{1}{2}}\left(2\left(\ln\frac{5}{8}\right)x+\ln 2\right)\mathrm{d}x = \left[\left(\ln\frac{5}{8}\right)x^2+(\ln 2)x\right]_0^{\frac{1}{2}} = \frac{1}{4}\ln\frac{5}{2}.$$

Donc: $\boxed{\ln\frac{5}{4} \leqslant \int_0^{\frac{1}{2}} f(x)\,\mathrm{d}x \leqslant \frac{1}{4}\ln\frac{5}{2}}$.

c. Valeur approchée de A en unités d'aire

$\ln\frac{5}{4} \approx 0{,}223$ et $\frac{1}{4}\ln\frac{5}{2} \approx 0{,}229$. Donc: $\boxed{\mathscr{A} = 0{,}226 \text{ u.a. à } 5 \cdot 10^{-3} \text{ près.}}$

SUJET **6**

JAPON

Juin 1997

Exercice 1 (5 points)
- Probabilité
- Variable aléatoire

Exercice 2 (obligatoire) (5 points)
- Nombres complexes
- Application géométrique

Problème (10 points)
- Famille de fonctions
- Intégrales
- Suites

EXERCICE 1

1. Une urne contient deux boules blanches et n noires, indiscernables au toucher.

Un joueur tire simultanément deux boules de l'urne et on note A_2 l'événement: «le joueur a tiré deux boules blanches».

Déterminer n pour que la probabilité $p(A_2)$ de l'événement A_2 soit égale à $\frac{1}{15}$. *0,25 pt*

2. Dans toute la suite du problème on prend $n = 4$.

A. Un joueur tire simultanément deux boules de l'urne et on note:

A_0 l'événement «le joueur a tiré deux boules noires».

A_1 l'événement «le joueur a tiré une boule noire et une blanche».

A_2 l'événement «le joueur a tiré deux boules blanches».

a. Calculer la probabilité des événements A_0 et A_1. *0,75 pt*

b. Lors de ce tirage, le joueur marque trois points pour chaque boule blanche tirée et marque deux points pour chaque boule noire tirée.

Soit X le nombre de points marqués.

Déterminer la loi de probabilité de la variable aléatoire X.

Déterminer E(X). *1 pt*

B. Après ce premier tirage, le joueur remet les boules noires tirées dans l'urne et laisse les boules blanches tirées de côté, puis effectue un nouveau tirage simultané de deux boules.

Soit B_i l'événement: «On obtient i boule(s) blanche(s) lors du deuxième tirage» ($i = 0, 1$ ou 2).

a. Donner $p(B_0/A_2)$ et en déduire $p(B_0 \cap A_2)$.

Calculer de même $p(B_0 \cap A_1)$ et $p(B_0 \cap A_0)$.

En déduire que $p(B_0) = \dfrac{41}{75}$. *2 pts*

b. Montrer de même que $p(B_2) = \dfrac{2}{75}$.

En déduire $p(B_1)$. *1 pt*

EXERCICE 2 (obligatoire)

On considère le plan complexe $\mathscr{P}$ muni d'un repère orthonormal direct $(O, \vec{e}_1, \vec{e}_2)$

1. Soit le polynôme P tel que, pour tout z de $\mathbb{C}$, $P(z) = z^3 - 4z^2 + 6z - 4$.

Déterminer les réels u et v tels que $P(z) = (z-2)(z^2 + uz + v)$ et résoudre dans $\mathbb{C}$ l'équation $P(z) = 0$. *1,25 pt*

2. On note α la solution de l'équation ci-dessus dont la partie imaginaire est strictement positive et β le conjugué de α.

Soient A, B et C les points d'affixes respectives α, β et 2, I le milieu de [AB] et r la rotation de centre O et d'angle $\dfrac{\pi}{2}$.

Déterminer l'affixe du point $r(B)$ et en déduire la nature du quadrilatère OACB. *1,25 pt*

3. Soit f l'application de $\mathscr{P}$ privé du point C dans $\mathscr{P}$ qui au point M d'affixe z $(z \neq 2)$ associe le point M′ d'affixe z' défini par:

$$z' = \frac{z - (1+i)}{z-2}.$$

a. Déterminer $f(A)$ et $f(B)$.

Déterminer le point E tel que $f(E) = C$. *1,25 pt*

b. Quelles distances représentent les réels $|z - (1+i)|$ et $|z-2|$?

En déduire que si M appartient à la médiatrice de [AC], M′ appartient à un cercle dont on donnera le centre et le rayon. *1,25 pt*

PROBLÈME

Pour tout entier n strictement positif on considère la fonction f_n définie sur $]0, +\infty[$ par :

$$f_n(x) = \frac{(\ln x)^n}{x^2}.$$

On note C_n la courbe représentative de f_n dans un repère $(O ; \vec{i}, \vec{j})$ orthogonal (unités graphiques : 2 cm sur l'axe des abscisses, 10 cm sur l'axe des ordonnées).

Partie A

Étude pour $n = 1$

1. Déterminer $\lim\limits_{x \to 0} f_1(x)$ et $\lim\limits_{x \to +\infty} f_1(x)$.

Que peut-on en déduire pour C_1 ? **0,75 pt**

2. Étudier le sens de variation de f_1 et donner le tableau des variations de f_1. **0,75 pt**

3. Déterminer une équation de la tangente en $x_0 = 1$, à la courbe C_1. **0,5 pt**

Étude pour $n = 2$

4. Déterminer $\lim\limits_{x \to 0} f_2(x)$ et $\lim\limits_{x \to +\infty} f_2(x)$.

Que peut-on en déduire pour C_2 ? **0,75 pt**

5. Calculer $f_2'(x)$ et donner le tableau des variations de f_2. **0,75 pt**

Partie B

1. Étudier le signe de $f_1(x) - f_2(x)$; en déduire la position relative de C_1 et C_2. **0,5 pt**

2. Tracer C_1 et C_2. **1 pt**

Partie C

n étant un entier naturel non nul, on pose $I_n = \int_1^e f_n(x)\mathrm{d}x$.

1. On pose $F(x) = \dfrac{1 + \ln x}{x}$; calculer $F'(x)$, en déduire I_1. **0,75 pt**

2. En utilisant une intégration par parties montrer que :

$$I_{n+1} = -\frac{1}{e} + (n+1)I_n.$$ **1 pt**

3. Calculer I_2 puis l'aire en cm^2 du domaine compris entre les courbes C_1 et C_2 et les droites d'équations $x = 1$ et $x = e$. **0,5 pt**

Partie D

1. En utilisant la question **2.** de la partie **C**, montrer par récurrence que pour tout n entier naturel non nul:

$$\frac{1}{n!}I_n = 1 - \frac{1}{e}\left(1 + \frac{1}{1!} + \frac{1}{2!} + \ldots + \frac{1}{n!}\right).$$ **1 pt**

2. En utilisant un encadrement de $\ln x$ sur $[1, e]$, montrer que pour tout n entier naturel non nul:

$$0 \leqslant I_n \leqslant 1.$$ **1 pt**

3. En déduire $\lim\limits_{n \to +\alpha}\left(1 + \frac{1}{1!} + \frac{1}{2!} + \ldots + \frac{1}{n!}\right)$. **0,75 pt**

CORRIGÉ

EXERCICE 1

1. L'urne contient $n+2$ boules, n noires et deux blanches. On tire simultanément et au hasard deux boules de l'urne: il y a donc C_{n+2}^2 tirages possibles qui sont tous équiprobables.

Soit A_2 l'événement: «le joueur tire deux boules blanches». Le nombre de tirages de deux boules blanches quand il y en a deux dans l'urne est égal à 1. Donc puisqu'il y a équiprobabilité des tirages:

$$p(A_2) = \frac{1}{C_{n+2}^2} = \frac{1}{\frac{(n+2)(n+1)}{2}} = \frac{2}{(n+2)(n+1)}.$$

$p(A_2) = \frac{1}{15}$ si et seulement si $\frac{2}{(n+2)(n+1)} = \frac{1}{15}$

si et seulement si $(n+2)(n+1) = 30.$

$n^2 + 3n - 28 = 0.$

Cette équation du second degré en n admet un discriminant égal à 121 et deux racines distinctes $n_1 = 4$ et $n_2 = -7$. Seule la solution $n = 4$ convient. Donc :

$$p(A_2) = \frac{1}{15} \text{ lorsque } n = 4.$$

2. A. L'urne contient deux boules blanches et quatre boules noires. Il y a $C_6^2 = 15$ tirages possibles de deux boules qui sont tous équiprobables.

a. Calcul des probabilités de A_0 et A_1

• **Soit A_0 l'événement: «le joueur tire deux boules noires»**

Le nombre de tirages réalisant A_0 est égal à C_4^2 (nombre de sous-ensembles de deux boules noires prises parmi quatre). Donc, puisqu'il y a équiprobabilité des tirages,

$$p(A_0) = \frac{C_4^2}{C_6^2} = \frac{6}{15} = \frac{2}{5} \qquad \boxed{p(A_0) = \frac{2}{5}}$$

• **Soit A_1 l'événement: «le joueur tire une boule noire et une blanche»**

Le nombre de tirages réalisant A_1 est égal à 4×2 (quatre choix pour la boule noire et deux pour la blanche). D'où

$$p(A_1) = \frac{4 \times 2}{C_6^2} = \frac{4 \times 2}{15} \qquad \boxed{p(A_1) = \frac{8}{15}}$$

b. Loi de probabilité de la variable aléatoire X

Les valeurs prises par X sont:

4 points lorsque le joueur tire deux boules noires ;

$2 + 3 = 5$ points lorsque le joueur tire une boule noire et une blanche ;

$3 + 3 = 6$ points lorsque le joueur tire deux boules blanches.

La probabilité de l'événement $(X = 4)$ est celle de A_0, la probabilité de $(X = 5)$ est celle de A_1 et la probabilité de $(X = 6)$ est celle de A_2. Donc la loi de X est donnée par le tableau suivant:

x_i	4	5	6
$p(X = x_i)$	$\frac{2}{5}$	$\frac{8}{15}$	$\frac{1}{15}$

L'espérance mathématique de X est:

$$E(X) = 4 \times \frac{2}{5} + 5 \times \frac{8}{15} + 6 \times \frac{1}{15} = \frac{24 + 40 + 6}{15} = \frac{70}{15}$$

$$\boxed{E(X) = \frac{14}{3}}$$

B. L'urne contient toujours quatre boules noires et zéro ou une ou deux boules blanches suivant que le joueur a réalisé l'événement A_2, A_1 ou A_0 au cours du premier tirage.

a. Calcul de $p(B_0/A_2)$, $p(B_0 \cap A_2)$ puis $p(B_0)$

• L'événement B_0/A_2 est l'événement: «le joueur tire zéro boule blanche au deuxième tirage sachant qu'il a tiré deux boules blanches au premier tirage.»

D'après le texte, lorsque A_2 est réalisé, il ne reste plus de boules blanches dans l'urne. Donc il est certain que le joueur ne tire pas de boules blanches.

$$p(B_0/A_2) = 1 .$$

D'où $p(B_0 \cap A_2) = p(A_2) \times p(B_0/A_2) = \frac{1}{15} \times 1$.

$$\boxed{p(B_0 \cap A_2) = \frac{1}{15}}$$

• L'événement (B_0/A_1) est: «le joueur tire deux boules noires sachant qu'il reste dans l'urne quatre boules noires et une boule blanche».

Il y a $C_4^2 = 6$ tirages possibles de deux boules noires et C_5^2 tirages possibles tous équiprobables. Donc :

$$p(B_0/A_1) = \frac{6}{C_5^2} = \frac{6}{10} = \frac{3}{5}.$$

D'où $p(B_0 \cap A_1) = p(A_1) \times p(B_0/A_1) = \frac{8}{15} \times \frac{3}{5} = \frac{8}{25}$

$$\boxed{p(B_0 \cap A_1) = \frac{8}{25}}$$

• L'événement (B_0/A_0) est: «le joueur tire deux boules noires sachant que l'urne contient après le premier tirage quatre boules noires et deux boules blanches».

Le nombre de tirages possibles est C_6^2 et le nombre de tirages réalisant B_0 est C_4^2. Donc, puisqu'il y a équiprobabilité, on a :

$$p(B_0/A_0) = \frac{C_4^2}{C_6^2} = \frac{6}{15} = \frac{2}{5}.$$

D'où $p(B_0 \cap A_0) = p(A_0) \times p(B_0/A_0) = \frac{2}{5} \times \frac{2}{5}$

$$\boxed{p(B_0 \cap A_0) = \frac{4}{25}}$$

• **Calculons $p(B_0)$**

Les événements A_0, A_1, A_2 forment une partition de tous les tirages possibles, on a donc :

$$\begin{aligned} p(B_0) &= p(B_0 \cap (A_0 \cup A_1 \cup A_2)) \\ &= p((B_0 \cap A_0) \cup (B_0 \cap A_1) \cup (B_0 \cap A_2)). \end{aligned}$$

Comme $B_0 \cap A_0$, $B_0 \cap A_1$, $B_0 \cap A_2$ sont incompatibles deux à deux, on a :

$$\begin{aligned} p(B_0) &= p(B_0 \cap A_0) + p(B_0 \cap A_1) + p(B_0 \cap A_2) \\ &= \frac{4}{25} + \frac{8}{25} + \frac{1}{15} \quad \boxed{p(B_0) = \frac{41}{75}} \end{aligned}$$

b. Calcul de $p(B_2)$

Comme pour le calcul de $p(B_0)$ on peut écrire :

$$\begin{aligned} p(B_2) &= p(B_2 \cap A_0) + p(B_2 \cap A_1) + p(B_2 \cap A_2) \\ &= p(A_0) \times p(B_2/A_0) + p(A_1) \times p(B_2/A_1) + p(A_2) \times p(B_2/A_2). \end{aligned}$$

On remarque que $p(B_2/A_2) = 0$ car le joueur ne peut tirer deux boules blanches au 2e tirage sachant qu'il les a tirées au premier tirage donc éliminées de l'urne.

De même $p(B_2/A_1) = 0$, car après le premier tirage, il ne reste dans l'urne qu'une seule boule blanche.

$p(B_2/A_0)$ est la probabilité de tirer deux boules blanches sachant que l'urne contient quatre boules noires et deux boules blanches. Donc :

$$p(B_2/A_0) = p(A_2) = \frac{1}{15}.$$

D'où : $p(B_2) = p(A_0) \times p(B_2/A_0) = \frac{2}{5} \times \frac{1}{15} = \frac{2}{75}$.

$$\boxed{p(B_2) = \frac{2}{75}}.$$

• **Calcul de $p(B_1)$**

Les événements B_0, B_1, B_2 sont incompatibles deux à deux et leur réunion est égale à l'ensemble de tous les résultats possibles, d'où :

$$p(B_0 \cup B_1 \cup B_2) = 1$$

$$p(B_0) + p(B_1) + p(B_2) = 1$$

$$p(B_1) = 1 - p(B_0) - p(B_2)$$

$$p(B_1) = 1 - \frac{41}{75} - \frac{2}{75} \quad \boxed{p(B_1) = \frac{32}{75}}.$$

EXERCICE 2

1. Résolution dans $\mathbb{C}$ de $P(z) = 0$

- Pour tout complexe z on a:

$(z-2)(z^2+uz+v) = z^3+(u-2)z^2+(v-2u)z-2v$.

L'égalité $z^3-4z^2+6z-4 = (z-2)(z^2+uz+v)$ est vraie pour tout complexe z si et seulement si

$$z^3-4z^2+6z-4 = z^3+(u-2)z^2+(v-2u)z-2v$$

donc si et seulement si $\begin{cases} u-2 = -4 \\ v-2u = 6 \\ -2v = -4 \end{cases}$

Ce système admet une unique solution $(u, v) = (-2\,;2)$.

Donc *pour tout complexe* z, $P(z) = (z-2)(z^2-2z+2)$.

- Pour tout z de $\mathbb{C}$, $P(z) = 0$ est équivalente à

$$(z-2)(z^2-2z+2) = 0$$

$$z-2 = 0 \text{ ou } z^2-2z+2 = 0$$

L'équation du second degré a pour discriminant $\Delta = -4 = (2i)^2$ et admet deux racines distinctes conjuguées $z_1 = 1+i$ et $z_2 = 1-i$.

Donc *l'équation* $P(z) = 0$ *a pour ensemble s solution:*

$$\boxed{s = \{2\,;1+i\,;1-i\}}$$

2. Nature du quadrilatère OACB

Les points O, A, C, B ont respectivement pour affixe 0, $\alpha = 1+i$, 2, $\beta = 1-i$.

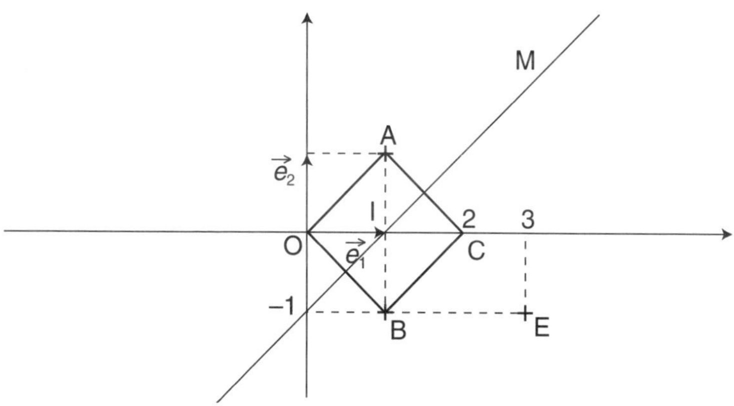

Soit B′ d'affixe β' l'image de B par la rotation r de centre O et d'angle $\frac{\pi}{2}$. On a: $\beta' = i\beta = i(1-i) = 1+i = \alpha$.

Donc $r(\mathrm{B}) = \mathrm{A}$.

L'image du point B *par la rotation r est* A.

Le milieu I de [AB] a pour affixe $z_\mathrm{I} = \frac{\alpha+\beta}{2} = 1$, donc I est aussi le milieu de [OC]. Le quadrilatère OACB est donc un parallélogramme.

Comme A est l'image de B par la rotation r, on a $\mathrm{OA} = \mathrm{OB}$ et $(\overrightarrow{\mathrm{OB}}, \overrightarrow{\mathrm{OA}}) = \frac{\pi}{2}$. Donc le parallélogramme OACB a deux côtés consécutifs de même longueur et un angle droit, c'est un carré.

OACB *est un carré.*

3. Soit f l'application de $\mathscr{P} - \{\mathrm{C}\}$ dans $\mathscr{P}$ qui à tout point M d'affixe z $(z \neq 2)$ associe le point M′ d'affixe $z' = \frac{z-(1+i)}{z-2}$.

a. Le point A a pour affixe $\alpha = 1+i$ $(\alpha \neq 2)$. Donc l'image A′ de A a pour affixe

$$z' = \frac{1+i-(1+i)}{1+i-2} = 0.$$

L'image par f du point A *est le point* O.

• Le point B a pour affixe $\beta = 1-i$ $(\beta \neq 2)$. Donc l'image B′ de B par f a pour affixe

$$z' = \frac{1-i-(1+i)}{1-i-2} = \frac{-2i}{-1-i} = \frac{2i}{1+i} = 1+i = \alpha.$$

Donc l'image par f du point B *est le point* A.

• Soit E le point de $\mathscr{P}$ tel que $f(\mathrm{E}) = \mathrm{C}$. E a pour affixe un nombre complexe z $(z \neq 2)$ telle que

$$2 = \frac{z-(1+i)}{z-2}.$$

Cette équation est, pour tout $z \neq 2$, équivalente à:

$$2(z-2) = z-(1+i)$$
$$z = 4-1-i$$
$$z = 3-i.$$

Le point E cherché a pour affixe $e = 3-i$.

Le point E *tel que* $f(\mathrm{E}) = \mathrm{C}$ *est le point d'affixe* $3 - i$.

b. Pour tout complexe z, si M est le point d'affixe z, A celui d'affixe $1 + i$ et C celui d'affixe 2, on a:

$$|z-(1+i)| = \mathrm{AM} = \mathrm{MA}$$
$$|z-2| = \mathrm{CM} = \mathrm{MC}$$

Donc si M, d'affixe z, appartient à la médiatrice de [AC], on a :

$$\mathrm{MA} = \mathrm{MC}.$$

MC étant non nulle lorsque M est sur la médiatrice de [AC], on en déduit :

$$\frac{\mathrm{MA}}{\mathrm{MC}} = 1.$$

Donc :

$$\frac{|z-(1+i)|}{|z-2|} = 1$$
$$\left|\frac{z-(1+i)}{z-2}\right| = 1$$
$$|z'| = 1$$
$$\mathrm{OM}' = 1.$$

Le point M′, image de M par f, appartient donc au cercle de centre O et de rayon 1.

Si M *appartient à la médiatrice de* [AC] *alors son image* M′ *par f appartient au cercle de centre* O *et de rayon* 1.

PROBLÈME

Partie A

• **Étude pour $n = 1$, soit f_1 la fonction définie sur $]0; +\infty[$ par $f_1(x) = \frac{\ln x}{x^2}$**

1. Limites de f_1 en 0 et en $+\infty$

$$\lim_{x \to 0} f_1(x) = \lim_{x \to 0} \frac{\ln x}{x^2} = -\infty \text{ car } \lim_{x \to 0} \ln x = -\infty \text{ et } \lim_{x \to 0} x^2 = 0.$$

$$\lim_{x \to +\infty} f_1(x) = \lim_{x \to +\infty} \frac{\ln x}{x} \times \frac{1}{x} = 0 \text{ car } \lim_{x \to +\infty} \frac{\ln x}{x} = 0 \text{ et } \lim_{x \to +\infty} \frac{1}{x} = 0.$$

On a donc $\boxed{\lim_{x \to 0} f_1(x) = -\infty \quad \lim_{x \to +\infty} f_1(x) = 0}$.

Ces deux résultats montrent que C_1 admet deux asymptotes d'équations respectives $x = 0$ et $y = 0$.

2. Sens de variation de f_1

Le sens de variation de f_1 sur $]0; +\infty[$ est donné par le signe de $f'_1(x)$.

f_1 est dérivable sur $]0; +\infty[$ et pour tout réel x de $]0; +\infty[$ on a

$$f'_1(x) = \frac{\frac{1}{x} \times x^2 - 2x\ln x}{x^4} = \frac{x(1 - 2\ln x)}{x^4}.$$

Pour tout réel x de $]0; +\infty[$ $1 - 2\ln x > 0$ si et seulement si $\ln x < \frac{1}{2}$ et comme la fonction exponentielle est strictement croissante sur $\mathbb{R}$, $1 - 2\ln x > 0$ si et seulement si $x < e^{\frac{1}{2}}$.

Sur $]0; +\infty[$, le signe de $f'_1(x)$ est celui de $1 - 2\ln x$. D'où le tableau de variations de f_1 :

x	0		$e^{\frac{1}{2}}$		$+\infty$
$f'_1(x)$	‖	$+$	0	$-$	
$f_1(x)$	‖ $-\infty$	↗	$\frac{1}{2e}$	↘	0

3. Tangente à C_1 au point A d'abscisse 1

Une équation de la tangente à C_1 en A est:

$$y = f'_1(1)(x - 1) + f_1(1)$$

$$f'_1(1) = 1 \qquad f(1) = 0. \text{ D'où : } y = x - 1.$$

La tangente à C_1 *au point d'abscisse* $x_0 = 1$ *a pour équation* $y = x - 1$.

- **Étude pour $n = 2$, soit la fonction définie sur $]0; +\infty[$ par $f_2(x) = \frac{(\ln x)^2}{x^2}$**

4. Limites de f_2 en 0 et en $+\infty$

$$\lim_{x \to 0} f_2(x) = \lim_{x \to 0} \left(\frac{\ln x}{x}\right)^2 = +\infty \text{ car } \lim_{x \to 0} \ln x = -\infty \text{ et}$$

$\lim\limits_{x \to 0} \left(\frac{\ln x}{x}\right) = -\infty$.

$\lim\limits_{x \to +\infty} f_2(x) = \lim\limits_{x \to +\infty} \left(\frac{\ln x}{x}\right)^2 = 0$ car $\lim\limits_{x \to +\infty} \frac{\ln x}{x} = 0$ (forme indéterminée du cours). On a donc : $\boxed{\lim\limits_{x \to 0} f_2(x) = +\infty \text{ et } \lim\limits_{x \to +\infty} f_2(x) = 0}$.

Ces deux résultats montrent que C_2 admet deux asymptotes d'équations respectives $x = 0$ et $y = 0$.

5. Sens de variation de f_2

f_2 est dérivable sur $]0; +\infty[$ et pour tout réel x de $]0; +\infty[$,

$$f'_2(x) = \left(\left(\frac{\ln x}{x}\right)^2\right)' = 2\frac{\ln x}{x} \times \frac{\frac{1}{x} \times x - \ln x}{x^2} = \frac{2\ln x(1 - \ln x)}{x^3}.$$

Sur $]0; +\infty[$, le signe de $f'_2(x)$ est celui de $\ln x(1 - \ln x)$.

Pour tout réel x strictement positif, $1 - \ln x > 0$ si et seulement si

$$\ln x < 1 \quad \text{soit} \quad \ln x < \ln e \quad \text{ou encore} \quad x < e$$

car la fonction ln est strictement croissante sur $]0; +\infty[$.

D'où le tableau de signes:

x	0		1		e		$+\infty$
$\ln x$	||	$-$	0	$+$		$+$	
$1-\ln x$	||	$+$		$+$	0	$-$	
$\ln x(1 - \ln x)$	||	$-$	0	$+$	0	$-$	

Connaissant le signe de $f'_2(x)$, on en déduit le sens de variation de f_2 donné par le tableau suivant:

x	0		1		e		$+\infty$
$f'_2(x)$	||	$-$	0	$+$	0	$-$	
$f_2(x)$	|| $+\infty$	↘	0	↗	$\frac{1}{e^2}$	↘	0

Partie B

1. Position relative de C_1 par rapport à C_2

Pour tout réel x de $]0; +\infty[$,

$$f_1(x) - f_2(x) = \frac{\ln x}{x^2} - \frac{(\ln x)^2}{x^2} = \frac{\ln x - (\ln x)^2}{x^2}$$

$$f_1(x) - f_2(x) = \frac{\ln x(1 - \ln x)}{x^2}.$$

Sur $]0; +\infty[$, le signe de $f_1(x) - f_2(x)$ est celui de $\ln x(1 - \ln x)$ déjà étudié précédemment. D'où :

si $0 < x < 1$ ou $x > e$ $f_1(x) - f_2(x) < 0$, donc C_1 est au-dessous de C_2 ;

si $1 < x < e$ $f_1(x) - f_2(x) > 0$, donc C_1 est au-dessus de C_2 ;

si $x = 1$ ou $x = e$ $f_1(x) - f_2(x) = 0$; C_1 et C_2 ont en commun les points de coordonnées $(1 ; 0)$ et $\left(e ; \frac{1}{e^2}\right)$.

2. Tracé de C_1 et C_2

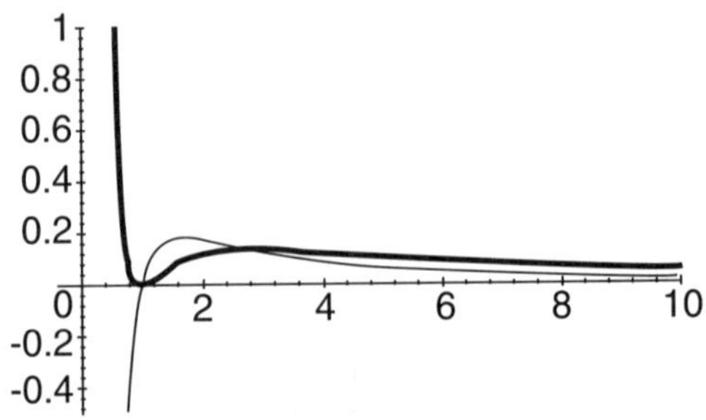

Partie C

1. Soit, pour tout réel x de $]0; +\infty[$, $F(x) = \frac{1 + \ln x}{x}$

F est dérivable sur $]0; +\infty[$ et pour tout réel x strictement positif on a:

$$F'(x) = \frac{\frac{1}{x} \times x - (1 + \ln x)}{x^2} = \frac{-\ln x}{x^2}$$

Soit $I_1 = \int_1^e f_1(x)\mathrm{d}x = \int_1^e \frac{\ln x}{x^2}\mathrm{d}x$.

D'après le calcul de $F'(x)$ obtenu ci-dessus, on a $\frac{\ln x}{x^2} = -F'(x)$.

Donc une primitive de $x \mapsto \frac{\ln x}{x^2}$ sur $[1 ; e]$ est $x \mapsto -F(x)$.

D'où $I_1 = [-F(x)]_1^e = -F(e) + F(1) = \frac{-2}{e} + 1$

$$\boxed{I_1 = 1 - \frac{2}{e}}$$

2. Relation entre I_{n+1} et I_n

Soit n un entier naturel non nul,

$$I_{n+1} = \int_1^e f_{n+1}(x)\mathrm{d}x = \int_1^e \frac{(\ln x)^{n+1}}{x^2}\mathrm{d}x.$$

Posons $u(x) = (\ln x)^{n+1}$ d'où $u'(x) = (n+1)(\ln x)^n \times \frac{1}{x}$

$v'(x) = \frac{1}{x^2}$ d'où $v(x) = -\frac{1}{x}$.

Les fonctions u', v' étant continues sur $[1 ; e]$, on peut utiliser la formule d'intégration par parties et on obtient pour tout entier n de $\mathbb{N}^*$:

$$I_{n+1} = \left[-\frac{1}{x}(\ln x)^{n+1}\right]_1^e + (n+1)\int_1^e \frac{(\ln x)^n}{x^2}\mathrm{d}x$$

$$\boxed{I_{n+1} = -\frac{1}{e} + (n+1)I_n}$$

3. Calcul de I_2 et de l'aire $\mathscr{A}$

En remplaçant n par 1 dans l'égalité précédente, on obtient :

$$I_2 = -\frac{1}{e} + 2I_1 = -\frac{1}{e} + 2\left(1 - \frac{2}{e}\right)$$

D'où $$\boxed{I_2 = 2 - \frac{5}{e}}$$

Soit $\mathscr{A}$ l'aire, en cm^2, de la partie du plan limitée par C_1, C_2, les droites d'équations $x = 1$ et $x = e$. Sur $[1 ; e]$ on a vu à la partie **B** que C_1 est située au-dessus de C_2. Donc, l'unité d'aire étant égale à 2×10 cm^2, on a:

$$\mathscr{A} = 20\int_1^e [f_1(x) - f_2(x)]\mathrm{d}x \text{ cm}^2$$

$$\mathscr{A} = 20\left(\int_1^e f_1(x)\mathrm{d}x - \int_1^e f_2(x)\mathrm{d}x\right) \text{ cm}^2 = 20(\mathrm{I}_1 - \mathrm{I}_2) \text{ cm}^2$$

$$\boxed{\mathscr{A} = 20\left(\frac{3}{e} - 1\right) \text{ cm}^2} \quad \boxed{\mathscr{A} \approx 2{,}07 \text{ cm}^2}$$

Partie D

1. Soit pour tout n de $\mathbb{N}^*$ l'égalité (E_n) :

$$\frac{1}{n!}\mathrm{I}_n = 1 - \frac{1}{e}\left(1 + \frac{1}{1!} + \ldots + \frac{1}{n!}\right)$$

On a calculé à la partie **C** $\mathrm{I}_1 = 1 - \frac{2}{e}$.

Donc on a $\frac{1}{1!}\mathrm{I}_1 = 1 - \frac{1}{e}\left(1 + \frac{1}{1!}\right)$.

L'égalité (E_1) est donc vraie.

Supposons que pour un entier k naturel non nul on ait:

$$\frac{1}{k!}\mathrm{I}_k = 1 - \frac{1}{e}\left(1 + \frac{1}{1!} + \ldots + \frac{1}{k!}\right).$$

Calculons $\frac{1}{(k+1)!}\mathrm{I}_{k+1}$ en utilisant l'égalité obtenue en **C – 2.**

D'après **C – 2.**, pour tout entier k de $\mathbb{N}^*$

$$\mathrm{I}_{k+1} = -\frac{1}{e} + (k+1)\mathrm{I}_k.$$

D'où

$$\frac{1}{(k+1)!}\mathrm{I}_{k+1} = -\frac{1}{e} \times \frac{1}{(k+1)!} + \frac{k+1}{(k+1)!}\mathrm{I}_k$$

$$\frac{1}{(k+1)!}\mathrm{I}_{k+1} = -\frac{1}{e} \times \frac{1}{(k+1)!} + \frac{1}{k!}\mathrm{I}_k.$$

En utilisant l'hypothèse de récurrence, on obtient:

$$\begin{aligned}\frac{1}{(k+1)!}\mathrm{I}_{k+1} &= -\frac{1}{e}\times\frac{1}{(k+1)!}+1-\frac{1}{e}\left(1+\frac{1}{1!}+\ldots+\frac{1}{k!}\right)\\ &= 1-\frac{1}{e}\left(1+\frac{1}{1!}+\ldots+\frac{1}{k!}+\frac{1}{(k+1)!}\right)\end{aligned}$$

Donc si, pour un entier naturel k non nul, (E_k) est vraie alors (E_{k+1}) est vraie.

Comme (E_1) est vraie, pour tout entier naturel n non nul (E_n) est vraie.

2. Encadrement de I_n

Pour tout réel x de $[1\,;e]$, $0 \leqslant \ln x \leqslant 1$.

Donc pour tout entier naturel n non nul, $0 \leqslant (\ln x)^n \leqslant 1$.

D'où en divisant les trois membres par x^2, qui est strictement positif sur $[1\,;e]$, on obtient:

$$0 \leqslant \frac{(\ln x)^n}{x^2} \leqslant \frac{1}{x^2}.$$

Et d'après les propriétés des intégrales, sachant que $1 < e$, on obtient:

$$\int_1^e 0\mathrm{d}x \leqslant \int_1^e \frac{(\ln x)^n}{x^2}\mathrm{d}x \leqslant \int_1^e \frac{1}{x^2}\mathrm{d}x$$

$$0 \leqslant \mathrm{I}_n \leqslant \left[-\frac{1}{x}\right]_1^e$$

$$0 \leqslant \mathrm{I}_n \leqslant 1-\frac{1}{e} < 1.$$

Donc pour tout entier n naturel non nul, on a:

$$\boxed{0 \leqslant \mathrm{I}_n \leqslant 1}.$$

3. Limite de $1+\frac{1}{1!}+\ldots+\frac{1}{n!}$

De l'égalité obtenue en **D – 1.**, on déduit:

pour tout entier naturel n non nul:

$$1+\frac{1}{1!}+\ldots+\frac{1}{n!} = \left(1-\frac{1}{n!}\mathrm{I}_n\right)e.$$

Comme pour tout n de $\mathbb{N}^*$, $\qquad 0 \leqslant \mathrm{I}_n \leqslant 1$

on a alors $$0 \leqslant \frac{1}{n!}\mathrm{I}_n \leqslant \frac{1}{n!}.$$

Donc $$0 \leqslant \lim_{n \to +\infty} \frac{1}{n!}\mathrm{I}_n \leqslant \lim_{n \to +\infty} \frac{1}{n!}.$$

Comme $\lim_{n \to +\infty} \frac{1}{n!} = 0$, on obtient $\lim_{n \to +\infty} \frac{1}{n!}\mathrm{I}_n = 0$

et donc $\lim_{n \to +\infty}\left(1 + \frac{1}{1!} + \ldots + \frac{1}{n!}\right) = \lim_{n \to +\infty}\left(1 - \frac{1}{n!}\mathrm{I}_n\right)e = e$.

Donc $$\boxed{\lim_{n \to +\infty}\left(1 + \frac{1}{1!} + \frac{1}{2!} + \frac{1}{3!} + \ldots + \frac{1}{n!}\right) = e}.$$

SUJET **7**

AMÉRIQUE DU SUD

Novembre 1996

Exercice 1 (4 points)
- Probabilité d'un tirage avec remise
- Probabilité d'un tirage sans remise
- Espérance mathématique

Exercice 2 (4 points)
- Formes algébrique et trigonométrique d'un nombre complexe
- Résolution d'une équation dans $\mathbb{C}$
- Interprétation géométrique

Problème (12 points)
- Fonctions logarithme et exponentielle
- Théorème des valeurs intermédiaires
- Inégalité des accroissements finis
- Suite numérique

EXERCICE 1

Une urne contient $n+8$ boules: huit boules blanches et n boules noires (n étant un entier au moins égal à deux.)

Tous les tirages effectués sont équiprobables.

On fait tirer par un joueur des boules de l'urne. Pour chaque boule blanche tirée il gagne un franc, mais pour chaque noire il perd deux francs.

Les questions **1.** *et* **2.** *sont indépendantes.*

1. Dans cette question, le joueur effectue deux tirages: il tire une première boule de l'urne, il la remet dans l'urne, puis il effectue un deuxième tirage.

a. Montrer qu'il peut, soit gagner deux francs, soit perdre un franc, soit perdre quatre francs. *0,5 pt*

b. Calculer, en fonction de n, la probabilité correspondant à chacun des cas. *1 pt*

c. Calculer, en fonction de n, l'espérance mathématique du gain du joueur. Y a-t-il une valeur de l'entier n pour laquelle cette espérance est nulle? Si oui, la donner. *0,5 pt*

2. Dans cette question, n est fixé égal à 6 : il y a donc 6 boules noires et 8 boules blanches dans l'urne. Le joueur tire trois boules simultanément.

a. Montrer qu'il peut, soit gagner trois francs, soit perdre six francs, soit perdre trois francs, soit ne rien gagner ni ne rien perdre. *1 pt*

b. Calculer la probabilité correspondant à chaque cas. *1 pt*

EXERCICE 2

Le plan complexe est rapporté à un repère orthonormé direct $(O\,;\vec{u},\vec{v})$; unité graphique 1 cm.

1. On pose $P(z) = z^3 - 3z^2 + 9z - 27$.

Factoriser $P(z)$ puis résoudre l'équation $P(z) = 0$ (on pourra rechercher une racine réelle simple).

Quelle est la nature du triangle formé par les points images des solutions de cette équation ? *0,5 pt*

2. Les points qui sont introduits dans la suite de l'exercice seront placés sur une même figure remise avec la copie à la fin de l'épreuve.

On nomme A, B, C et D les points d'affixes respectives a, b, c et d tels que

$a = 3$, $b = -3i$, $c = 3i$ et $d = 2 - \frac{5}{2}i$.

a. Déterminer l'affixe du point E, image de D par la rotation de centre O et d'angle $\frac{\pi}{2}$. *0,5 pt*

b. Déterminer l'affixe du point I, symétrique de B par rapport à D puis celle du point J, symétrique de C par rapport à E. *0,25 pt*

c. Déterminer l'affixe du point F, milieu du segment [IJ]. *0,25 pt*

d. Préciser, en justifiant, la nature du quadrilatère ODFE. *0,5 pt*

e. On désigne par z_A, z_I et z_J les affixes des points A, I et J.

On pose $Z = \dfrac{z_J - z_A}{z_I - z_A}$.

Calculer Z.

En interprétant géométriquement le module et un argument de Z, déterminer la nature du triangle AIJ. *2 pts*

PROBLÈME

La partie **A** *de ce problème est consacrée à l'étude d'une fonction. Dans la partie* **B**, *on met en évidence l'unique solution d'une équation. La partie* **C** *permet de déterminer une valeur approchée de cette solution.*

Partie A – Étude d'une fonction

On considère la fonction f définie sur l'intervalle $]0,\ 1[$ par $f(x) = \frac{1}{2}(\ln x - \ln(1-x))$ où ln désigne la fonction logarithme népérien.

On appelle $\mathscr{C}$ sa courbe représentative dans un repère orthonormé $(O\ ;\ \vec{u},\ \vec{v})$; (unité graphique : 5 cm).

1. a. Déterminer les limites de $f(x)$ quand x tend vers 0 puis vers 1. Préciser les asymptotes de $\mathscr{C}$. **0,75 pt**

b. Étudier le sens de variation de f. **0,75 pt**

2. a. Montrer que $\mathscr{C}$ admet pour centre de symétrie le point A (0,5 ; 0). **0,5 pt**

b. Déterminer une équation de la tangente $\mathscr{D}$ à la courbe $\mathscr{C}$ en A. On pose $\varphi(x) = f(x) - 2x + 1$.

Étudier les variations de la fonction φ ; en déduire les positions relatives de $\mathscr{C}$ et $\mathscr{D}$. **1,5 pt**

3. Tracer $\mathscr{C}$ et $\mathscr{D}$ dans le repère $(O\ ;\ \vec{u},\ \vec{v})$. **1 pt**

Partie B

1. On considère la fonction h définie sur l'intervalle $]0,\ 1[$ par : $h(x) = f(x) - x$.

a. En utilisant les variations de la fonction h, démontrer que l'équation $f(x) = x$ admet une solution et une seule dans l'intervalle $]0,\ 1[$.

On appelle α cette solution. **0,5 pt**

b. Montrer que $0{,}8 \leqslant \alpha \leqslant 0{,}9$. **0,5 pt**

c. Montrer que, pour tout réel x de l'intervalle $]0,\ 1[$, on a : $|f'(x)| \geqslant 2$. **0,5 pt**

2. On appelle S la réflexion dont l'axe est la droite Δ d'équation $y = x$. On appelle $\mathscr{C}'$ l'image de la courbe $\mathscr{C}$ par S.

a. Démontrer qu'un point M de coordonnées x et y appartient à $\mathscr{C}'$ si et seulement si l'on a : $y \in\ ]0,\ 1[$ et $2x = \ln\left(\frac{y}{1-y}\right)$.

En déduire que $\mathscr{C}'$ est la représentation graphique de la fonction g définie sur $\mathbb{R}$ par: $g(x) = \dfrac{e^{2x}}{e^{2x}+1}$. **1 pt**

b. Tracer Δ et la courbe $\mathscr{C}'$ dans le repère $(O\,;\,\vec{u},\,\vec{v})$ de la partie **A**. **0,5 pt**

c. Montrer que le nombre α est l'unique solution de l'équation $g(x) = x$. **0,5 pt**

Partie C – Détermination d'une valeur approchée du nombre α

1. On appelle I l'intervalle [0,8; 0,9]

a. Calculer $g'(x)$ et $g''(x)$. **0,5 pt**

b. Montrer que, pour tout réel x de l'intervalle I, $g(x)$ appartient à l'intervalle I. **0,5 pt**

c. Montrer que, pour tout réel x de l'intervalle I, on a: $0 \leqslant g'(x) \leqslant 0{,}3$. **0,5 pt**

d. En déduire que, pour tout réel x de l'intervalle I, on a:
$|g(x) - \alpha| \leqslant 0{,}3|x - \alpha|$. **0,5 pt**

2. On considère la suite (u_n) d'éléments de I définie par: $u_0 = 0{,}8$ et, pour tout entier naturel n, $u_{n+1} = g(u_n)$.

Montrer que, pour tout entier naturel n, on a:

$|u_{n+1} - \alpha| \leqslant 0{,}3|u_n - \alpha|$ puis $|u_n - \alpha| \leqslant 0{,}1 \times (0{,}3)^n$.

Déterminer un entier naturel p tel que u_p soit une valeur approchée de α à 10^{-4} près. Donner une valeur approchée de u_p à 10^{-4} près. **2 pts**

CORRIGÉ

EXERCICE 1

1. Tirages avec remise

a. Dans cette question le joueur tire deux boules de l'urne.

S'il tire deux boules blanches, il gagne deux francs.

S'il tire une boule blanche et une noire il perd 1 franc (il gagne – 1 franc).

S'il tire deux boules noires il perd quatre francs (il gagne – 4 francs).

b. Le joueur tire successivement et avec remise deux boules de l'urne. Un résultat est un couple (b_1, b_2) de deux boules où b_1 est la première boule tirée et b_2 la deuxième. Le nombre de tirages possibles est le nombre de couples, soit $(n+8)\times(n+8)$ car il y a $n+8$ boules dans l'urne à chaque fois que le joueur en extrait une. Si Ω est l'ensemble des tirages de deux boules on a $\text{Card}\Omega = (n+8)^2$.

- **Soit A l'événement: «le joueur gagne deux francs»**

La probabilité de A est la probabilité de tirer deux boules blanches. Il y a 8 boules blanches dans l'urne, donc 8×8 couples de deux boules blanches possibles. Tous les tirages de 2 boules étant équiprobables, on a:

$$p(\text{A}) = \frac{8\times 8}{(n+8)^2} = \frac{64}{(n+8)^2}$$

- **Soit B l'événement: «le joueur perd 1 franc»**

La probabilité de B est celle de tirer une première boule blanche puis une deuxième noire ou une première boule noire et une deuxième blanche.

Le nombre de couples de boules (noire, blanche) est $n\times 8$. De même, le nombre de couples de boules (blanche, noire) est $8\times n$. Tous les tirages étant équiprobables, on a:

$$p(\text{B}) = \frac{8n+8n}{(n+8)^2} = \frac{16n}{(n+8)^2}$$

- **Soit C l'événement: «le joueur perd quatre francs»**

La probabilité de C est celle de tirer deux boules noires. Le nombre de couples de deux boules noires est $n\times n$ car il y a n boules noires dans l'urne. Les tirages étant équiprobables on a:

$$p(\text{C}) = \frac{n^2}{(n+8)^2}$$

On vérifie que $p(\text{A})+p(\text{B})+p(\text{C}) = 1$ puisque $\text{A}\cup\text{B}\cup\text{C}$ est l'événement certain et que A, B, C sont des événements incompatibles deux à deux.

c. Espérance mathématique du gain

Soit G le gain du joueur, G prend les valeurs 2, – 1, – 4 avec les probabilités respectives: $\frac{64}{(n+8)^2}, \frac{16n}{(n+8)^2}, \frac{n^2}{(n+8)^2}$.

L'espérance mathématique de G est:

$$\text{E(G)} = 2\times\frac{64}{(n+8)^2} - \frac{16n}{(n+8)^2} - 4\frac{n^2}{(n+8)^2} = \frac{128-16n-4n^2}{(n+8)^2}$$

$$\boxed{E(G) = \frac{-4(n^2+4n-32)}{(n+8)^2}}$$

$E(G)$ est nulle si et seulement si $n^2+4n-32 = 0$.

Cette équation du second degré en n admet un discriminant Δ égal à 36 et donc deux racines $n_1 = -8$ et $n_2 = 4$.

n étant un entier naturel non nul, seule la valeur 4 convient.

$E(G) = 0$ *si et seulement si* $n = 4$.

2. Dans cette question, le joueur tire simultanément trois boules parmi 14

Il y a donc C_{14}^3 tirages possibles de trois boules. Tous ces tirages sont supposés équiprobables.

a. Lorsque le joueur tire trois boules, il peut obtenir l'un des quatre résultats: **ou** trois boules blanches et dans ce cas il gagne trois francs, **ou** deux boules blanches et une noire et dans ce cas il gagne zéro franc, **ou** une boule blanche et deux noires et dans ce cas il perd trois francs, **ou** trois boules noires et dans ce cas il perd 6 francs.

b. Soit E l'événement: «le joueur gagne trois francs»

La probabilité de E est celle de tirer trois boules blanches de l'urne.

Le nombre de tirages contenant trois boules blanches est C_8^3. Comme tous les tirages sont équiprobables on a:

$$p(E) = \frac{C_8^3}{C_{14}^3} = \frac{8\times7\times6}{14\times13\times12} = \frac{2}{13} \qquad \boxed{p(E) = \frac{2}{13}}$$

• **Soit F l'événement: «le joueur gagne zéro franc»**

La probabilité de F est celle de tirer deux boules blanches et une noire. Le nombre de tels tirages est $C_8^2\times C_6^1 = (4\times7)\times6$. D'où

$$p(F) = \frac{4\times7\times6}{\dfrac{14\times13\times12}{3\times2\times1}} = \frac{6}{13} \qquad \boxed{p(F) = \frac{6}{13}}$$

• **Soit G l'événement: «le joueur perd trois francs»**

La probabilité de G est celle de tirer une boule blanche et deux noires. Le nombre de tirages réalisant G est $C_8^1\times C_6^2 = 8\times(3\times5)$. Les tirages étant équiprobables, on a:

$$p(G) = \frac{8\times3\times5}{\dfrac{14\times13\times12}{3\times2}} = \frac{30}{91} \qquad \boxed{p(G) = \frac{30}{91}}$$

- **Soit H l'événement : «le joueur perd six francs»**

La probabilité de H est celle de tirer trois boules noires. Il y a C_6^3 tirages possibles qui réalisent H, ils sont équiprobables. D'où

$$p(\mathrm{H}) = \frac{\dfrac{6\times5\times4}{3\times2\times1}}{\dfrac{14\times13\times12}{3\times2\times1}} = \frac{5}{91} \qquad \boxed{p(\mathrm{H}) = \frac{5}{91}}$$

On vérifie que $p(\mathrm{E}) + p(\mathrm{F}) + p(\mathrm{G}) + p(\mathrm{H}) = 1$.

EXERCICE 2

1. • Factorisation de P(z)

On remarque que $\mathrm{P}(3) = 0$, donc pour tout complexe z on a :

$$\mathrm{P}(z) = (z-3)(az^2 + bz + c).$$

Les nombres a, b, c s'obtiennent par identification.

L'égalité $z^3 - 3z^2 + 9z - 27 = az^3 + (b-3a)z^2 + (c-3b)z - 3c$ est vraie pour tout nombre complexe z si et seulement si

$$\begin{cases} a = 1 \\ b - 3a = -3 \\ c - 3b = 9 \\ -3c = -27 \end{cases}$$

D'où les valeurs : $a = 1$, $b = 0$, $c = 9$.

Donc, pour tout complexe z, $z^3 - 3z^2 + 9z - 27 = (z-3)(z^2+9)$.

- **Résolution de P(z) = 0**

Pour tout nombre complexe z, $\mathrm{P}(z) = 0$ est équivalente à $(z-3)(z^2+9) = 0$ et à $(z-3)(z+3i)(z-3i) = 0$ et à $z = 3$ ou $z = -3i$ ou $z = 3i$.

L'ensemble des solutions de l'équation $\mathrm{P}(z) = 0$ est : $\{3 ; -3i ; 3i\}$.

- **Nature du triangle ABC** où A a pour affixe 3, B pour affixe $-3i$ et C pour affixe $3i$.

Les points B et C symétriques par rapport à O car ils ont pour affixes deux imaginaires purs conjugués. D'autre part $|3| = |-3i| = |3i| = 3$, donc $\mathrm{OA} = \mathrm{OB} = \mathrm{OC}$. Le triangle ABC est donc rectangle en A et puisque la médiane (OA) est perpendiculaire à (BC), le triangle ABC est isocèle.

Le triangle ABC *est donc rectangle isocèle en* A.

2. Figure

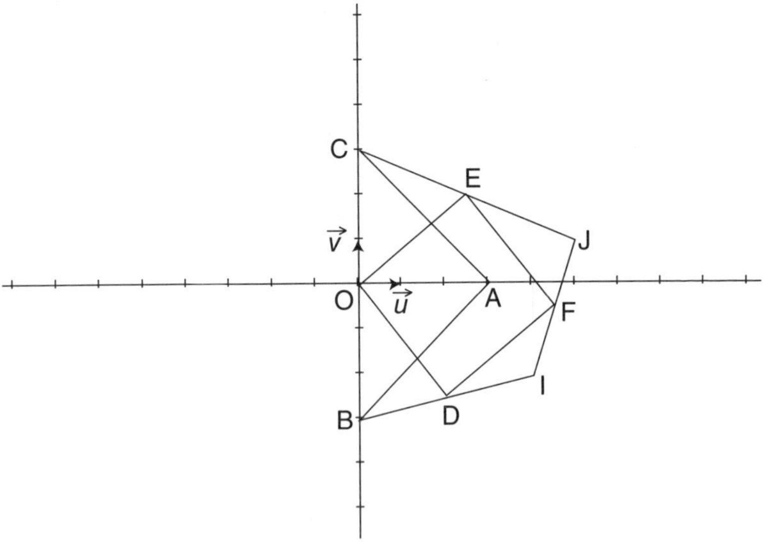

a. Calcul de l'affixe de E

Soit e l'affixe de E, image de D par la rotation de centre O et d'angle $\frac{\pi}{2}$.
On a :

$$e = id = i\left(2 - \frac{5}{2}i\right) \quad \boxed{e = \frac{5}{2} + 2i}$$

b. Calcul des affixes z_I et z_J des points I et J

D est le milieu de [IB], donc : $d = \dfrac{z_I + b}{2}$.

D'où : $z_I = 2d - b = 2\left(2 - \frac{5}{2}i\right) + 3i \quad \boxed{z_I = 4 - 2i}$.

E est le milieu de [JC], donc : $e = \dfrac{z_J + c}{2}$.

D'où : $z_J = 2e + c = 2\left(\frac{5}{2} + 2i\right) - 3i \quad \boxed{z_J = 5 + i}$.

c. Calcul de f affixe du point F milieu de [IJ]

$$f = \frac{z_I + z_J}{2} = \frac{4 - 2i + 5 + i}{2} \quad \boxed{f = \frac{9}{2} - \frac{i}{2}}$$

d. Nature de ODFE

Soit z_1 l'affixe du vecteur $\overrightarrow{OD}$. On a : $z_1 = d = 2 - \frac{5}{2}i$.

Soit z_2 l'affixe du vecteur $\overrightarrow{EF}$. On a :

$$z_2 = f - e = \frac{9}{2} - \frac{i}{2} - \frac{5}{2} - 2i = 2 - \frac{5}{2}i.$$

Donc $\overrightarrow{OD} = \overrightarrow{EF}$, le quadrilatère ODFE est un parallélogramme.
D'autre part, on sait que E est l'image de D par la rotation de centre O et d'angle $\frac{\pi}{2}$. Donc, par définition, $OD = OE$ (ODFE est donc un losange) et $(\overrightarrow{OD}, \overrightarrow{OE}) = \frac{\pi}{2}$ (le parallélogramme ODFE ayant un angle droit est un rectangle). Un losange qui est aussi un rectangle est un carré.
Le quadrilatère ODFE *est donc un carré.*

e. Calcul de Z et nature du triangle AIJ

$$Z = \frac{z_J - a}{z_I - a} = \frac{5 + i - 3}{4 - 2i - 3} = \frac{2 + i}{1 - 2i} = \frac{(2 + i)(1 + 2i)}{(1 - 2i)(1 + 2i)} = i.$$

On en déduit donc que $|Z| = |i| = 1$ et, comme $|Z| = \frac{|z_J - a|}{|z_I - a|} = \frac{AJ}{AI}$,

on montre ainsi que le triangle AIJ est isocèle en A.

D'autre part $\arg(Z) = \arg(i) + 2k\pi \quad$ où $\quad k \in \mathbb{Z}$

$$= \frac{\pi}{2} + 2k\pi \quad k \in \mathbb{Z}$$

Comme $\arg(Z) = \arg\left(\frac{z_J - a}{z_I - a}\right) + 2k'\pi \quad k' \in \mathbb{Z}$

$$= \arg(z_J - a) - \arg(z_I - a) + 2k'\pi \quad k' \in \mathbb{Z}$$

$$= (\overrightarrow{AI}, \overrightarrow{AJ}) + 2k'\pi \quad k' \in \mathbb{Z}$$

On a : $(\overrightarrow{AI}, \overrightarrow{AJ}) = \frac{\pi}{2} + 2k''\pi \quad k'' \in \mathbb{Z}$.

Le triangle AIJ est rectangle en A.

Le triangle AIJ *est donc isocèle rectangle en* A.

PROBLÈME

Partie A – Étude et représentation graphique d'une fonction *f*

f est définie pour tout réel x de]0; 1[par $f(x) = \frac{1}{2}[\ln x - \ln(1-x)]$

1. a. Limites de *f* aux bornes de]0; 1[

$\lim\limits_{x \to 0} f(x) = \lim\limits_{x \to 0}\left(\frac{1}{2}[\ln x - \ln(1-x)]\right) = -\infty$ car $\lim\limits_{x \to 0} \ln x = -\infty$ et $\lim\limits_{x \to 0} \ln(1-x) = 0$.

Ce résultat montre que la droite d'équation $x = 0$ est asymptote à $\mathcal{C}$.

$\lim\limits_{x \to 1} f(x) = \lim\limits_{x \to 1}\left(\frac{1}{2}[\ln x - \ln(1-x)]\right) = +\infty$ car $\lim\limits_{x \to 1}(1-x) = 0$ et $\lim\limits_{u \to 0} \ln u = -\infty$.

Ce résultat montre que la droite d'équation $x = 1$ est asymptote à $\mathcal{C}$.

b. Sens de variation de *f* sur]0; 1[

La fonction ln est dérivable sur]0, +∞[, la fonction $u\colon x \mapsto 1-x$ est dérivable sur]0, 1[et est strictement positive sur]0; 1[, donc $\ln o u$ est dérivable sur]0, 1[. La fonction *f* est donc dérivable sur]0; 1[et pour tout réel x de]0; 1[on a:

$$f'(x) = \frac{1}{2}\left(\frac{1}{x} - \frac{1}{1-x} \times (-1)\right) = \frac{1}{2x(1-x)}$$

Comme x et $1-x$ sont strictement positifs sur]0; 1[, *f* est strictement croissante sur]0; 1[.

D'où le tableau de variation de *f*:

x	0		1
$f'(x)$	‖	$+$	‖
$f(x)$	‖ $-\infty$	↗	$+\infty$ ‖

2. a. Centre de symétrie de la courbe $\mathscr{C}$

Soit A le point de coordonnées $\left(\frac{1}{2} ; 0\right)$. Montrons que tout point M de $\mathscr{C}$ a son symétrique M′ par rapport à A sur $\mathscr{C}$. Pour cela calculons les coordonnées (x', y') de M′ symétrique de M de coordonnées (x, y) où $x \in]0 ; 1[$ et $y = f(x)$.

A est le milieu de [MM′]. Donc $\frac{x+x'}{2} = \frac{1}{2}$, donc $x' = 1-x$.

$\frac{y+y'}{2} = 0$, donc $y' = -y = -f(x)$.

Vérifions que M′ est un point de $\mathscr{C}$ en montrant que $y' = f(x')$, c'est-à-dire que $f(1-x) = -f(x)$.

Pour tout réel x de]0, 1[, $1-x$ appartient aussi à]0; 1[et on a:

$$f(1-x) = \frac{1}{2}[\ln(1-x) - \ln(1-(1-x))] = -\frac{1}{2}[\ln x - \ln(1-x)]$$

$$= -f(x).$$

Donc tout point M de $\mathscr{C}$ a son symétrique sur $\mathscr{C}$, *$\mathscr{C}$ admet donc le point A $\left(\frac{1}{2} ; 0\right)$ comme centre de symétrie.*

b. Tangente à $\mathscr{C}$ au point A

Une équation de la tangente à $\mathscr{C}$ en A est:

$$y = f'\left(\frac{1}{2}\right)\left(x-\frac{1}{2}\right) + f\left(\frac{1}{2}\right)$$

$$y = 2\left(x-\frac{1}{2}\right).$$

La tangente $\mathscr{D}$ à $\mathscr{C}$ en A a pour équation $y = 2x-1$.

Positions relatives de $\mathscr{C}$ et $\mathscr{D}$

Soit φ la fonction définie sur]0; 1[par $\varphi(x) = f(x) - 2x + 1$.

φ est dérivable sur]0; 1[et on a, pour tout réel x de]0, 1[,

$$\varphi'(x) = f'(x) - 2 = \frac{1}{2x(1-x)} - 2 = \frac{1-4x(1-x)}{2x(1-x)} = \frac{4x^2-4x+1}{2x(1-x)}$$

$$\varphi'(x) = \frac{(2x-1)^2}{2x(1-x)}.$$

Pour tout réel x de]0; 1[, $(2x-1)^2 \geqslant 0$ et $2x(1-x) > 0$, donc pour tout réel x de]0, 1[$\varphi'(x) \geqslant 0$, donc φ est croissante sur]0; 1[.

En remarquant que $\varphi\left(\frac{1}{2}\right) = f\left(\frac{1}{2}\right) - 2 \times \frac{1}{2} + 1 = 0$ on obtient le signe de $\varphi(x)$:

si $0 < x < \frac{1}{2}$, $\varphi(x) < \varphi\left(\frac{1}{2}\right)$, donc $\varphi(x) < 0$ et $\mathscr{C}$ est au-dessous de $\mathscr{D}$;

si $\frac{1}{2} < x < 1$, $\varphi\left(\frac{1}{2}\right) < \varphi(x)$, donc $\varphi(x) > 0$ et $\mathscr{C}$ est au-dessus de $\mathscr{D}$.

- **Tracé de $\mathscr{C}$ et $\mathscr{D}$**

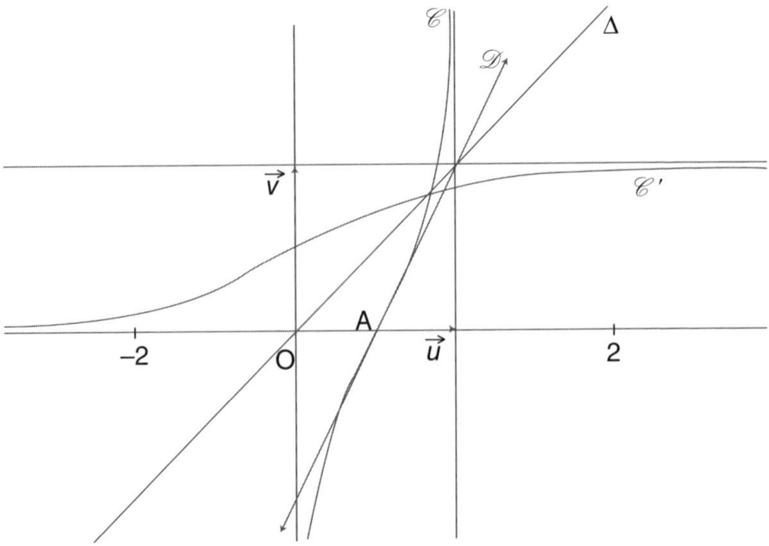

Partie B

1. Étude de la fonction h définie sur]0; 1[par $h(x) = f(x) - x$

a. Variation de h sur]0; 1[

Pour tout réel x de]0; 1[,

$$h'(x) = f'(x) - 1 = \frac{1}{2x(1-x)} - 1 = \frac{1 - 2x + 2x^2}{2x(1-x)}.$$

Le trinôme $2x^2 - 2x + 1$ a un discriminant $\Delta = 4 - 4 \times 2 < 0$, donc pour tout réel x de]0; 1[$2x^2 - 2x + 1 > 0$.

La fonction h est donc continue strictement croissante sur]0; 1[. Donc elle est bijective de]0; 1[sur

$$h(]0\,;1[) = \left]\lim_{x \to 0} h(x), \lim_{x \to 1} h(x)\right[=]-\infty, +\infty[\,.$$

Le réel 0 admet donc un unique antécédent α par h. α est l'unique solution de $h(x) = 0$ qui est équivalente à $f(x) - x = 0$ et à $f(x) = x$.

L'équation $f(x) = x$ admet donc une unique solution α dans $]0; 1[$.

b. Encadrement de α

$h(0{,}8) < -0{,}1 < 0$ et $h(0{,}9) > 0{,}19 > 0$.

On a donc $h(0{,}8) < h(\alpha) < h(0{,}9)$

et puisque h est strictement croissante sur $]0; 1[$ on a: $0{,}8 < \alpha < 0{,}9$.

b. On a vu au A – 2.b. que pour tout x réel de $]0; 1[$

$$\varphi'(x) \geqslant 0.$$

Or $\varphi'(x) = f'(x) - 2$. Donc pour tout réel x de $]0; 1[$ $f'(x) \geqslant 2$. Donc $|f'(x)| \geqslant 2$.

2. Image $\mathscr{C}'$ de $\mathscr{C}$ par la réflexion S d'axe Δ

• **Montrons que si M(x, y) est un point de $\mathscr{C}'$ alors $2x = \ln\frac{y}{1-y}$ et $0 < y < 1$.**

Par hypothèse M est un point de $\mathscr{C}'$, donc M est l'image par S d'un point N de $\mathscr{C}$. Soit (x', y') les coordonnées de N. On sait que si les coordonnées de M sont (x, y) et si celles de N sont (x', y'), on a $M = S(N)$ si et seulement si $x = y'$ et $y = x'$.

Donc puisque N est un point de $\mathscr{C}$,

$$y' = \frac{1}{2}[\ln x' - \ln(1 - x')] \text{ et } x' \in]0, 1[.$$

D'où : $2y' = \ln\frac{x'}{1-x'}$ et $x' \in]0 ; 1[$.

En remplaçant x' et y' en fonction des coordonnées (x, y) de M, on obtient :

$$2x = \ln\frac{y}{1-y} \text{ et } y \in]0 ; 1[.$$

• **Réciproquement, montrons que si M est un point dont les coordonnées (x, y) vérifient $y \in]0, 1[$ et $2x = \ln\frac{y}{1-y}$ alors M est un point de $\mathscr{C}'$.**

Soit M un point dont les coordonnées (x, y) vérifient:

$$y \in]0 ; 1[\text{ et } 2x = \ln\frac{y}{1-y} \qquad (1)$$

Soit N l'antécédent par S de M (N est aussi l'image de M par S car $S^{-1} = S$). Soit (x', y') les coordonnées de N. On a, puisque $M = S(N)$, $x' = y$ et $y' = x$ et donc, puisque x et y vérifient les conditions écrites en (1):

$$x' \in]0, 1[\text{ et } 2y' = \ln\frac{x'}{1-x'}.$$

Comme x' est un réel de]0, 1[, x' et $1 - x'$ sont strictement positifs. Donc on a:

$$x' \in]0, 1[\text{ et } y' = \frac{1}{2}[\ln x' - \ln(1-x')]$$

$$x' \in]0, 1[\text{ et } y' = f(x').$$

Le point N est donc un point de $\mathscr{C}$, le point M image de N par S appartient donc à $\mathscr{C}'$.

En conclusion: $M(x, y) \in \mathscr{C}'$ si et seulement si $y \in]0, 1[$ et $2x = \ln\frac{y}{1-y}$.

- **Montrons que $\mathscr{C}'$ est la représentation graphique de g**

On vient de montrer que:

$M(x, y) \in \mathscr{C}'$ si et seulement si $y \in]0, 1[$ et $2x = \ln\frac{y}{1-y}$.

La fonction exponentielle étant bijective de $\mathbb{R}$ sur $\mathbb{R}_+^*$ on a :

$M(x, y) \in \mathscr{C}'$ si et seulement si $y \in]0, 1[$ et $e^{2x} = \frac{y}{1-y}$

$$y \in]0, 1[\text{ et } (1-y)e^{2x} = y$$

$$y \in]0, 1[\text{ et } e^{2x} = y(1+e^{2x}).$$

Comme, pour tout réel x, $1 + e^{2x} \neq 0$ on a:

$M(x, y) \in \mathscr{C}'$ si et seulement si $y \in]0, 1[$ et $y = \frac{e^{2x}}{1+e^{2x}}$.

Posons $g(x) = \frac{e^{2x}}{1-e^{2x}}$. Pour tout réel x, e^{2x} et $1 + e^{2x}$ sont strictement positifs et on a $\frac{e^{2x}}{1+e^{2x}} < 1$.

Donc

$$M(x, y) \in \mathscr{C}' \text{ si et seulement si } y = g(x).$$

$\mathscr{C}'$ est donc la représentation graphique de la fonction g définie sur $\mathbb{R}$ par
$g(x) = \dfrac{e^{2x}}{1+e^{2x}}$.

b. Voir figure partie A

c. D'après **B – 1.a.** α est l'unique réel tel que $f(\alpha) = \alpha$. Le point E de la courbe $\mathscr{C}$ d'abscisse α est situé sur l'axe Δ. (E a pour coordonnées (α, α).) Donc l'image de E par S est E. Donc E appartient aussi à $\mathscr{C}'$. Donc α vérifie $g(\alpha) = \alpha$, et c'est l'unique réel solution de $g(x) = x$ car s'il existait β tel que $g(\beta) = \beta$ et $\beta \neq \alpha$, $\mathscr{C}'$ couperait Δ en un deuxième point $F(\beta, \beta)$ dont le symétrique F appartiendrait à $\mathscr{C}$ et on aurait aussi $f(\beta) = \beta$ ce qui est impossible si $\beta \neq \alpha$.

Partie C – Détermination d'une valeur approchée de α

1. Soit I = [0,8 ; 0,9]

a. Calcul de $g'(x)$ et $g''(x)$

Pour tout réel x, $g(x) = \dfrac{e^{2x}}{1+e^{2x}}$ existe et g est dérivable sur $\mathbb{R}$. Pour tout réel x

$$g'(x) = \frac{2e^{2x}(1+e^{2x}) - 2e^{2x} \times e^{2x}}{(1+e^{2x})^2} = \frac{2e^{2x}}{(1+e^{2x})^2}.$$

g' est dérivable sur $\mathbb{R}$ et pour tout réel x

$$g''(x) = \frac{4e^{2x}(1+e^{2x})^2 - 4e^{2x}(1+e^{2x}) \times 2e^{2x}}{(1+e^{2x})^2}$$

$$g''(x) = \frac{4e^{2x}(1+e^{2x})(1+e^{2x}-2e^{2x})}{(1+e^{2x})^2} = \frac{4e^{2x}(1+e^{2x})(1-e^{2x})}{(1+e^{2x})^2}.$$

b. Pour tout réel x de I, $g'(x) > 0$ car une exponentielle est un réel positif. D'où les variations de g sur I:

x	0,8	0,9
$g'(x)$	+	
$g(x)$	$g(0,8)$ ↗	$g(0,9)$

$g(0,8) = \dfrac{e^{1,6}}{e^{1,6}+1} \approx 0{,}83 > 0{,}8$ et $g(0{,}9) = \dfrac{e^{1,8}}{e^{1,8}+1} \approx 0{,}858 < 0{,}9$.

Ce tableau de variation montre que pour tout réel x de I, $0{,}8 < g(x) < 0{,}9$.

Donc $g(x)$ appartient à I.

c. Majoration de $|g'(x)|$ pour x élément de I

Le signe de $g''(x)$ est celui de $1 - e^{2x}$ car pour tout réel x, e^{2x}, $1 + e^{2x}$ et $(1 + e^{2x})^2$ sont des nombres réels strictement positifs.

Pour tout réel x de I, $2x > 0$. Donc $e^{2x} > e^0$. Donc $1 - e^{2x} < 0$. Donc $g''(x) < 0$.

On obtient le tableau de variation de g' ci-dessous:

x	$0{,}8$	$0{,}9$
$g''(x)$	$-$	
$g'(x)$	$g'(0,8)$ ↘	$g'(0,9)$

Pour tout réel x de I, on a donc $g'(0{,}9) \leqslant g'(x) \leqslant g'(0{,}8)$.

Comme $g'(x)$ est strictement positif pour tout réel x, (*cf.* le calcul de $g'(x)$ au **a.**) on a: $0 \leqslant g'(x) \leqslant g'(0{,}8)$. Or $g'(0{,}8) \approx 0{,}279$. Donc $g'(0{,}8) < 0{,}3$.

Donc pour tout réel x de I $0 \leqslant g'(x) \leqslant 0{,}3$.

d. Inégalité des accroissements finis

g est dérivable sur I et pour tout réel x de I $g'(x) = |g'(x)|$ et $|g'(x)| \leqslant 0{,}3$. α est un réel de I. Donc pour tout réel x de I, on peut appliquer l'inégalité des accroissements finis aux réels x et α. On obtient alors:

$$\text{pour tout réel } x \text{ de I, } |g(x) - g(\alpha)| \leqslant 0{,}3|x - \alpha|$$

et, puisque $g(\alpha) = \alpha$, on obtient, pour tout réel x de I,

$$|g(x) - \alpha| \leqslant 0{,}3|x - \alpha|.$$

2. Étude de la suite (u_n)

- Vérifions que pour tout n de $\mathbb{N}$, u_n est un réel de I.

$u_0 = 0{,}8$, donc $u_0 \in$ I.

Si pour un entier k naturel u_k appartient à I, alors d'après la question **C – 1.b.** $g(u_k)$ appartient à I, donc u_{k+1} appartient à I. D'après le principe de récurrence, u_n appartient à I pour tout entier n de $\mathbb{N}$.

• Pour tout entier naturel n, u_n et α sont deux réels de I et en appliquant l'inégalité obtenue en **d.** pour ces deux réels on obtient :

$$|g(u_n) - \alpha| \leqslant 0{,}3|u_n - \alpha|.$$

D'où :

$$|u_{n+1} - \alpha| \leqslant 0{,}3|u_n - \alpha| \qquad (1)$$

• Montrons par récurrence que, pour tout entier naturel n,

$$|u_n - \alpha| \leqslant 0{,}1 \times (0{,}3)^n.$$

L'inégalité est vraie pour l'entier 0. En effet $u_0 = 0{,}8$ et $0{,}8 < \alpha < 0{,}9$. Donc $0 < \alpha - u_0 < 0{,}1$. Donc $|u_0 - \alpha| \leqslant 0{,}1 \times (0{,}3)^0$.

Supposons que pour un entier naturel k on ait $|u_k - \alpha| \leqslant 0{,}1 \times (0{,}3)^k$. D'après l'inégalité (1) obtenue ci-dessus, on a :

$$|u_{k+1} - \alpha| \leqslant 0{,}3|u_k - \alpha| \leqslant 0{,}3 \times 0{,}1 \times (0{,}3)^k.$$

Donc $|u_{k+1} - \alpha| \leqslant 0{,}1 \times (0{,}3)^{k+1}$.

D'après le principe de récurrence, on a pour tout entier naturel n :

$$|u_n - \alpha| \leqslant 0{,}1 \times (0{,}3)^n.$$

• u_p est une valeur approchée de α à 10^{-4} près si

$$|u_p - \alpha| \leqslant 10^{-4}.$$

Cette condition est réalisée si $0{,}1 \times (0{,}3)^p \leqslant 10^{-4}$, si $(0{,}3)^p \leqslant 10^{-3}$.

Les deux membres de cette inégalité étant strictement positifs et la fonction ln étant strictement croissante sur $]0; +\infty[$, les entiers p cherchés vérifient :

$$p \ln 0{,}3 \leqslant \ln 10^{-3}$$

et, puisque $\ln(0{,}3) < 0$, $\quad p \geqslant \dfrac{\ln 10^{-3}}{\ln 0{,}3}$.

Avec la calculatrice on obtient : $p > 5{,}73$.

Le plus petit entier p réalisant $0{,}1 \times (0{,}3)^p \leqslant 10^{-4}$ est $p = 6$.

Le terme u_6 de la suite est donc une valeur approchée à 10^{-4} près de α.

On obtient avec la calculatrice $u_6 = 0{,}8439$ à 10^{-4} près.

SUJET **8**

SUJET NATIONAL

Septembre 1996

Exercice 1 (4 points)
- Probabilité
- Variable aléatoire
- Probabilité conditionnelle

Exercice 2 (obligatoire) (5 points)
- Nombres complexes
- Applications géométriques

Problème (11 points)
- Équation différentielle
- Fonction exponentielle
- Inégalité des accroissements finis
- Suites

EXERCICE 1

Tous les résultats demandés dans l'exercice seront donnés sous forme de fractions irréductibles.

Une urne contient cinq boules : deux blanches, trois noires, indiscernables au toucher.

1. On extrait simultanément et au hasard deux boules de l'urne.

a. Calculer la probabilité de tirer :

(i) deux boules blanches ; ***0,5 pt***

(ii) deux boules de la même couleur. ***0,5 pt***

b. Soit X la variable aléatoire égale au nombre de boules blanches figurant dans le tirage.

Donner la loi de probabilité de X ; calculer l'espérance de la variable X. ***1,5 pt***

2. On effectue un tirage de deux boules de l'urne de la manière suivante : on tire une première boule de l'urne et on note sa couleur ; on la remet ensuite dans l'urne en ajoutant en plus dans l'urne une boule de la même couleur que la boule tirée (il y a donc dans l'urne six boules avant le second tirage) ; on tire ensuite une seconde boule.

On considère les événements suivants:

– B_1 : «on obtient une boule blanche au premier tirage»;

– N_1 : «on obtient une boule noire au premier tirage»;

– B_2 : «on obtient une boule blanche au second tirage».

a. Calculer:

– $P(B_2/B_1)$ (probabilité conditionnelle de B_2 sachant que B_1 est réalisé); *0,5 pt*

– $P(B_2/N_1)$ (probabilité conditionnelle de B_2 sachant que N_1 est réalisé). *0,5 pt*

b. Calculer la probabilité de l'événement B_2. *0,5 pt*

EXERCICE 2 (obligatoire)

Le plan complexe est muni d'un repère orthonormal direct $(O ; \vec{u}, \vec{v})$. On note A le point d'affixe i.

À tout point M du plan, distinct de A, d'affixe z, on associe le point M', d'affixe $z' = \dfrac{iz}{z-i}$.

1. a. Déterminer les points M tels que l'on ait $M = M'$. *1 pt*

b. Déterminer le point B' associé au point B d'affixe 1; déterminer le point C tel que le point associé C' ait pour affixe 2. *0,5 pt*

2. Étant donné un nombre complexe z, distinct de i, on pose $z = x + iy$ et $z' = x' + iy'$, avec x, y, x', y' réels.

a. Déterminer x' et y' en fonction de x et y. *0,5 pt*

b. Déterminer l'ensemble Γ des points M, distinct de A, pour lesquels z' est réel. *1 pt*

c. Placer A, B, B', C, C' et Γ sur une figure (unité graphique: 4 cm). *0,5 pt*

3. Soit z un nombre complexe différent de i.

a. Montrer que l'on a $z' - i = \dfrac{-1}{z-i}$. *0,5 pt*

b. On suppose que M, d'affixe z, appartient au cercle γ de centre A et de rayon 1. Montrer que M' appartient à γ. *1 pt*

PROBLÈME

I. On considère l'équation différentielle :

$$\text{(E)} \qquad y'' - 4y' + 3y = 0\,.$$

1. Résoudre l'équation (E). **0,5 pt**

2. Déterminer la solution f de (E) telle que :

$$f(0) = 0 \quad \text{et} \quad f'(0) = 2$$ **0,5 pt**

II. Soit f la fonction définie sur $\mathbb{R}$ par :

$$f(x) = e^{3x} - e^{x}\,.$$

On note C sa courbe représentative dans le plan rapporté à un repère orthonormal $(O\,;\,\vec{i}\,,\,\vec{j}\,)$. Pour la figure, on se limitera aux points de la courbe dont l'abscisse est comprise entre – 4 et 0,5 et on prendra pour unité graphique 4 cm.

1. Variations de *f*

a. Calculer la dérivée f' de f. **0,5 pt**

b. Résoudre l'équation $3e^{2x} = 1$; étudier le signe de $3e^{2x} - 1$ selon les valeurs de x. **0,5 pt**

c. En déduire le signe de f' et les variations de f. **0,5 pt**

2. Limites aux bornes de *f*

a. Déterminer la limite de f en $-\infty$. **0,25 pt**

b. Déterminer la limite de f en $+\infty$ (on pourra mettre e^{3x} en facteur). **0,5 pt**

3. Étude de *f* à l'origine

a. Déterminer une équation de la tangente T à la courbe C au point d'abscisse 0. **0,25 pt**

b. Soit φ la fonction définie sur $\mathbb{R}$ par :

$$\varphi(x) = f(x) - 2x\,.$$

Calculer $\varphi(0)$ et montrer que, pour tout nombre réel x, on peut écrire :

$$\varphi'(x) = (e^{x} - 1)(3e^{2x} + 3e^{x} + 2)\,.$$ **0,5 pt**

c. Étudier les variations de φ. **0,5 pt**

d. En déduire le signe de $\varphi(x)$ et préciser la position de C par rapport à T. **0,5 pt**

4. Tracer C et T. **0,5 pt**

III. Dans cette partie, on se propose d'étudier l'équation $f(x) = 1$.

1. a. Montrer que l'équation $f(x) = 1$ admet une solution α et une seule sur $\mathbb{R}$. **0,5 pt**

b. Prouver que α appartient à l'intervalle $[0, 1]$. *0,25 pt*

c. Montrer que α satisfait à la relation :

$$\alpha = \frac{1}{2}\ln(1 + e^{-\alpha}).$$ *0,5 pt*

2. Soit g la fonction définie sur $[0, +\infty[$ par :

$$g(x) = \frac{1}{2}\ln(1 + e^{-x}).$$

a. Montrer que, pour tout $x \geqslant 0$, $g(x) \geqslant 0$. *0,25 pt*

b. Calculer la dérivée g' de g. *0,5 pt*

c. Prouver que, pour tout $x \geqslant 0$, $|g'(x)| \leqslant \frac{1}{4}$. *0,5 pt*

d. En déduire que pour tout $x \geqslant 0$:

$$|g(x) - \alpha| \leqslant \frac{1}{4}|x - \alpha|.$$ *0,5 pt*

3. Soit (u_n) la suite d'éléments de $[0, +\infty[$ définie par $u_0 = 0$ et, pour tout $n \geqslant 0$, $u_{n+1} = g(u_n)$.

a. Montrer que, pour tout $n \geqslant 0$, $|u_{n+1} - \alpha| \leqslant \frac{1}{4}|u_n - \alpha|$. *0,5 pt*

b. En déduire que, pour tout $n \geqslant 0$, $|u_n - \alpha| \leqslant \left(\frac{1}{4}\right)^n$. *0,5 pt*

c. Déterminer la limite de (u_n). *0,5 pt*

d. Déterminer un entier p tel que $\left(\frac{1}{4}\right)^p \leqslant 10^{-6}$. *0,5 pt*

e. On appelle β la valeur tronquée à 10^{-6} du nombre u_p affiché par la calculatrice. Déterminer β. Calculer $f(\beta)$ et $f(\beta + 10^{-6})$. En déduire que β est une valeur approchée de α à la précision 10^{-6}. *0,5 pt*

CORRIGÉ

EXERCICE 1

1. On extrait simultanément et au hasard deux boules parmi cinq. Il y a donc $C_5^2 = 10$ tirages possibles de deux boules. Le tirage étant fait au hasard, tous les résultats possibles ont la même probabilité de se produire.

a. Soit A l'événement: «tirer deux boules blanches»

Le nombre de tirages réalisant A est égal à $C_2^2 = 1$. D'où, puisqu'il y a équiprobabilité des événements élémentaires, on a:

$$p(A) = \frac{1}{10}.$$

b. Soit B l'événement: «tirer deux boules de la même couleur»

B est la réunion des deux événements A et A', où A' est l'événement «tirer deux boules noires». A et A' sont incompatibles, donc :

$$p(B) = p(A \cup A') = p(A) + p(A').$$

On a déjà calculé $p(A) = \frac{1}{10}$, on calcule de la même façon $p(A')$. Le nombre de tirages possibles réalisant A' est le nombre de tirages de deux boules noires, soit $C_3^2 = 3$.

D'où $p(A') = \frac{3}{10}$ et on obtient $p(B) = \frac{1}{10} + \frac{3}{10} = \frac{2}{5}$.

La probabilité de tirer deux boules blanches et égale à $\frac{1}{10}$.

La probabilité de tirer deux boules de même couleur est égale à $\frac{2}{5}$.

b. X est la variable aléatoire égale au nombre de boules blanches figurant dans le tirage. X peut prendre les valeurs de l'ensemble $\{0 ; 1 ; 2\}$.

La probabilité de l'événement $(X = 0)$ est celle de tirer deux boules noires, soit $p(A') = \frac{3}{10}$. Donc $p(X = 0) = \frac{3}{10}$.

La probabilité de l'événement $(X = 1)$ est celle de tirer deux boules de couleur différente, soit une boule blanche et une noire. Le nombre de tels tirages est 2×3 (deux choix pour la boule blanche et trois choix pour la noire, donc 2×3 associations d'une boule blanche avec une boule noire). Étant donné l'équiprobabilité des tirages, on a:

$$p(X = 1) = \frac{6}{10} = \frac{3}{5}.$$

La probabilité de l'événement $(X = 2)$ est égale à $p(A) = \frac{1}{10}$.

On obtient la loi de X donnée par le tableau:

x_i	0	1	2
$p(X = x_i)$	$\frac{3}{10}$	$\frac{3}{5}$	$\frac{1}{10}$

On vérifie que $\frac{3}{10} + \frac{3}{5} + \frac{1}{10} = 1$.

Calcul de l'espérance mathématique de X:

$$E(X) = 0 \times \frac{3}{10} + 1 \times \frac{3}{5} + 2 \times \frac{1}{10} = \frac{4}{5}.$$

L'espérance mathématique de la variable X *est* $\frac{4}{5}$.

2. Tirages successifs avec remise

a. La probabilité $p(B_2/B_1)$ de l'événement B_2 sachant B_1 est égale à la probabilité de tirer une boule blanche dans l'urne qui contient alors trois boules blanches et trois boules noires.

$$p(B_2/B_1) = \frac{1}{2}.$$

La probabilité $p(B_2/N_1)$ est la probabilité de tirer une boule blanche dans l'urne qui contient alors deux boules blanches et quatre noires.

Donc $p(B_2/N_1) = \frac{2}{6} = \frac{1}{3}$.

D'où : $\boxed{p(B_2/B_1) = \frac{1}{2}}$, $\boxed{p(B_2/N_1) = \frac{1}{3}}$.

b. Calcul de $p(B_2)$

Les événements B_1 et N_1 forment une partition de tous les «premiers» tirages possibles. Donc l'événement B_2 peut s'écrire:

$$B_2 = B_2 \cap (B_1 \cup N_1) = (B_2 \cap B_1) \cup (B_2 \cap N_1).$$

Les événements $(B_2 \cap B_1)$ et $(B_2 \cap N_1)$ sont incompatibles, donc :

$$\begin{aligned} p(B_2) &= p(B_2 \cap B_1) + p(B_2 \cap N_1) \\ &= p(B_1) \times p(B_2/B_1) + p(N_1) \times p(B_2/N_1). \end{aligned}$$

La probabilité $p(B_1)$ est la probabilité de tirer une boule blanche dans l'urne qui en contient deux blanches et trois noires. Les tirages étant tous équiprobables, on a:

$$p(B_1) = \frac{2}{5}.$$

De même, on a $p(\mathrm{N}_1) = \frac{3}{5}$.

D'où : $p(\mathrm{B}_2) = \frac{2}{5} \times \frac{1}{2} + \frac{3}{5} \times \frac{1}{3} = \frac{1}{5} + \frac{1}{5}$

$$\boxed{p(\mathrm{B}_2) = \frac{2}{5}}.$$

EXERCICE 2

1. À tout point M du plan, distinct de A, on associe M′ tel que les affixes respectives z et z' soient liées par la relation $z' = \frac{iz}{z-i}$.

a. $\mathbf{M} = \mathbf{M'}$ si et seulement si $z = z'$

$$z = \frac{iz}{z-i}$$

Cette équation est équivalente à, pour tout z distinct de i,

$$z(z-i) = iz$$
$$z(z-i) - iz = 0$$
$$z(z-2i) = 0$$

Un produit est nul si et seulement si l'un des facteurs est nul. Donc $z = z'$ si et seulement si $z = 0$ ou $z = 2i$.

Les points invariants sont les points d'affixes 0 *et* 2*i*.

b. L'affixe du point B′ associé à B est égale à $z_{\mathrm{B'}}$, telle que

$$z_{\mathrm{B'}} = \frac{i \times 1}{1-i} = \frac{i}{1-i} = \frac{i(1+i)}{2} = -\frac{1}{2} + \frac{i}{2}.$$

L'affixe z du point C, dont C′ est le point associé, est telle que:

$$2 = \frac{iz}{z-i}.$$

Cette équation est équivalente à, pour tout complexe z distinct de i,

$$2z - 2i = iz$$
$$z(2-i) = 2i$$
$$z = \frac{2i}{2-i} = \frac{2i(2+i)}{5}$$
$$z = \frac{-2}{5} + \frac{4i}{5}.$$

Le point B′ *a pour affixe* $-\frac{1}{2}+\frac{i}{2}$ *et* C *a pour affixe* $-\frac{2}{5}+\frac{4i}{5}$.

2. a. Calcul de la partie réelle et de la partie imaginaire de z'

Pour tout complexe z distinct de i on a :

$$z' = x' + iy' = \frac{i(x+iy)}{x+iy-i} = \frac{i(x+iy)(x-i(y-1))}{[x+i(y-1)][x-i(y-1)]}$$

$$z' = x' + iy' = \frac{i(x^2+y(y-1)+ixy-ixy+xi)}{x^2+(y-1)^2}$$

$$= \frac{-x+i(x^2+y^2-y)}{x^2+(y-1)^2}$$

D'où : $\boxed{\mathrm{Re}z' = x' = \frac{-x}{x^2+(y-1)^2}, \quad \mathrm{Im}z' = y' = \frac{x^2+y^2-y}{x^2+(y-1)^2}}$.

b. Ensemble Γ des points M distincts de A pour lesquels z' est réel

Pour tout complexe z distinct de i, z' est réel si et seulement si :

$$\mathrm{Im}z' = 0$$

$$\frac{x^2+y^2-y}{x^2+(y-1)^2} = 0$$

$$\begin{cases} x^2+y^2-y = 0 \\ x^2+(y-1)^2 \neq 0 \end{cases}$$

$$\begin{cases} x^2+\left(y-\frac{1}{2}\right)^2 = \frac{1}{4} \\ x^2+(y-1)^2 \neq 0 \end{cases}$$

L'ensemble Γ des points M pour lesquels z' est réel est l'ensemble des points dont les coordonnées (x, y) vérifient l'équation du cercle $x^2+\left(y-\frac{1}{2}\right)^2 = \frac{1}{4}$ et sont différentes de (0, 1). Γ *est le cercle de centre* $\Omega\left(0\,;\frac{1}{2}\right)$ *et de rayon* $\frac{1}{2}$ *privé du point* A.

c. Figure

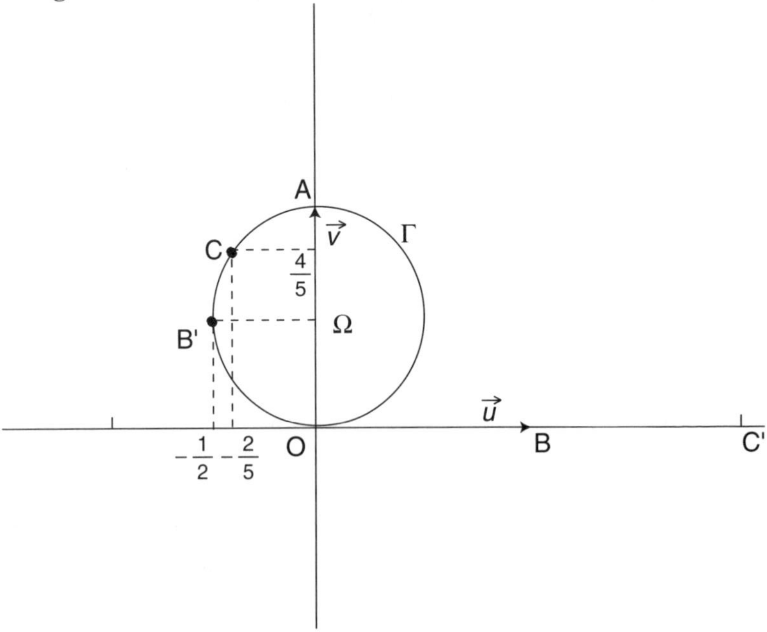

3. Soit z un complexe distinct de i

a. Pour tout z de $\mathbb{C} - \{i\}$, $z' = \dfrac{iz}{z-i}$

$$z' - i = \frac{iz}{z-i} - i$$

$$z' - i = \frac{iz - i(z-i)}{z-i}$$

$$\boxed{z' - i = \frac{-1}{z-i}}$$

b. On suppose que le point M d'affixe z appartient à γ, donc $AM = 1$. Ce qui se traduit par $|z - i| = 1$.

D'après la question précédente, pour tout z de $\mathbb{C} - \{i\}$,

$$z' - i = \frac{-1}{z-i}.$$

D'où, lorsque $|z - i| = 1$, $|z' - i| = \dfrac{|-1|}{1} = 1$.

Donc la distance AM' est égale à 1. Donc M' appartient au cercle γ.

Si M *appartient au cercle γ, alors* M′ *appartient aussi à γ.*

PROBLÈME

I – Résolution de l'équation différentielle $y'' - 4y' + 3y = 0$

1. Soit (E) l'équation $y'' - 4y' + 3y = 0$

L'équation caractéristique de (E) est $r^2 - 4r + 3 = 0$ qui admet une racine évidente égale à 1, l'autre racine est 3.

Les fonctions φ solutions de (E) sont définies sur $\mathbb{R}$ par:

$\varphi(x) = ae^{3x} + be^x$ où a et b sont deux réels quelconques.

2. Déterminons a et b pour que f vérifie les conditions: $f(0) = 0$ et $f'(0) = 2$

f est une solution de (E). Donc pour tout réel x,

$$f(x) = ae^{3x} + be^x$$
$$f'(x) = 3ae^{3x} + be^x.$$

$f(0) = 0$ si et seulement si $a + b = 0$.

$f'(0) = 2$ si et seulement si $3a + b = 2$.

Les réels a et b sont, si elles existent, les solutions de $\begin{cases} a + b = 0 \\ 3a + b = 2. \end{cases}$

D'où $a = 1$ et $b = -1$.

La fonction f solution de (E) *et vérifiant* $f(0) = 0$, $f'(0) = 2$ *est définie sur* $\mathbb{R}$ *par*

$$\boxed{f(x) = e^{3x} - e^x}.$$

II – Étude de *f*

1. Variations de f définie sur $\mathbb{R}$ par $f(x) = e^{3x} - e^x$

a. La fonction $x \mapsto e^x$ est dérivable sur $\mathbb{R}$, $x \mapsto 3x$ est dérivable sur $\mathbb{R}$; donc la composée $x \mapsto e^{3x}$ est dérivable sur $\mathbb{R}$. La fonction f est donc la différence de deux fonctions dérivables sur $\mathbb{R}$. Elle est donc dérivable sur $\mathbb{R}$.

Pour tout réel x, on a: $f'(x) = 3e^{3x} - e^x = e^x(3e^{2x} - 1)$

b. Pour tout réel x, e^x est strictement positif. Le signe de $f'(x)$ est donc celui de $3e^{2x} - 1$.

On a, pour tout réel x, $3e^{2x} - 1 > 0$ équivalent à $e^{2x} > \frac{1}{3}$.

Comme les deux membres de l'inéquation sont strictement positifs et puisque la fonction ln est strictement croissante sur $]0; +\infty[$, l'inéquation précédente est équivalente à:

$$2x > \ln\frac{1}{3} \quad \text{ou encore} \quad x > -\frac{1}{2}\ln 3.$$

c. En conclusion, $f'(x)$ est strictement positive sur $]-\frac{1}{2}\ln 3\,;+\infty\,[$, $f'(x)$ est strictement négative sur $]-\infty, -\frac{1}{2}\ln 3\,[$, $f'(x)$ est nulle si et seulement si $x = -\frac{1}{2}\ln 3$. D'où f est strictement décroissante sur $]-\infty\,;-\frac{1}{2}\ln 3]$, f est strictement croissante sur $[-\frac{1}{2}\ln 3\,;+\infty[$.

2. Limites de f en $-\infty$ et en $+\infty$

a. $\lim\limits_{x\to-\infty} f(x) = \lim\limits_{x\to-\infty}(e^{3x}-e^x) = 0$ car $\lim\limits_{x\to-\infty} e^{3x} = 0$

et $\lim\limits_{x\to-\infty} e^x = 0$.

Ce résultat montre que C admet la droite d'équation $y = 0$ comme asymptote.

b. $\lim\limits_{x\to+\infty} f(x) = \lim\limits_{x\to+\infty}(e^{3x}-e^x)$

$$= \lim_{x\to+\infty}\left[e^{3x}\left(1-\frac{1}{e^{2x}}\right)\right]$$

$$= +\infty \quad \text{car} \lim_{x\to+\infty}\left(1-\frac{1}{e^{2x}}\right) = 1 \text{ et } \lim_{x\to+\infty} e^{3x} = +\infty.$$

$$\boxed{\lim_{x\to-\infty} f(x) = 0} \quad \boxed{\lim_{x\to+\infty} f(x) = +\infty}$$

Le tableau de variation de f est donc le suivant:

x	$-\infty$		$-\frac{1}{2}\ln 3$		$+\infty$
$f'(x)$		$-$	0	$+$	
$f(x)$	0	↘	$-\frac{2\sqrt{3}}{9}$	↗	$+\infty$

$$f\left(-\frac{1}{2}\ln 3\right) = e^{-\frac{3}{2}\ln 3} - e^{-\frac{1}{2}\ln 3} = \left(e^{\ln\frac{1}{\sqrt{3}}}\right)^3 - e^{\ln\frac{1}{\sqrt{3}}}$$

$$= \left(\frac{1}{\sqrt{3}}\right)^3 - \frac{1}{\sqrt{3}} = \frac{1}{3\sqrt{3}} - \frac{1}{\sqrt{3}} = -\frac{2}{3\sqrt{3}} = -\frac{2\sqrt{3}}{9}.$$

3. Étude de *f* à l'origine

a. Équation de la tangente T à C au point d'abscisse 0

$f'(0) = 2$ et $f(0) = 0$.

D'où, une équation de T est: $y = 2x$.

b. Soit φ définie sur ℝ par $\varphi(x) = f(x) - 2x$

On a : $\varphi(0) = f(0) - 0 = 0$.

Pour tout réel x,

$$\varphi(x) = f(x) - 2x$$
$$\varphi'(x) = f'(x) - 2$$
$$= 3e^{3x} - e^x - 2.$$

Vérifions l'égalité proposée dans le texte en développant l'expression, pour tout réel x,

$$(e^x - 1)(3e^{2x} + 3e^x + 2) = 3e^{3x} + 3e^{2x} + 2e^x - 3e^{2x} - 3e^x - 2$$
$$= 3e^{3x} - e^x - 2.$$

Donc, pour tout x réel, $\varphi'(x) = (e^x - 1)(3e^{2x} + 3e^x + 2)$.

c. Quel que soit le réel x, $3e^{2x} + 3e^x + 2$ est la somme de trois termes strictement positifs ; donc $3e^{2x} + 3e^x + 2 > 0$. Le signe de $\varphi'(x)$ est donc celui de $e^x - 1$.

$e^x - 1 > 0$ si et seulement si $e^x > e^0$

si et seulement si $x > 0$

D'où le tableau de variation de φ:

x	$-\infty$		0		$+\infty$
$\varphi'(x)$		$-$	0	$+$	
$\varphi(x)$		↘	0	↗	

d. D'après l'étude des variations de φ, on constate que pour tout réel x, $\varphi(x) \geqslant 0$. Donc pour tout réel x,

$$f(x) - 2x \geqslant 0$$
$$f(x) \geqslant 2x.$$

La courbe C *est donc située au-dessus de sa tangente* T *en* 0.

4. Figure

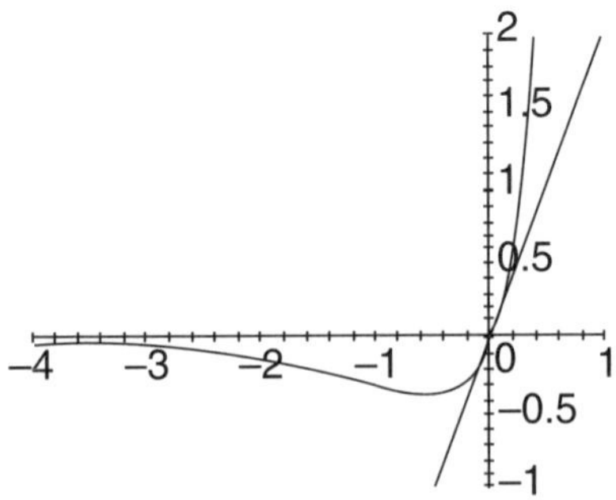

III – Étude de l'équation $f(x) = 1$

1. a. Montrons que l'équation $f(x) = 1$ admet une unique solution α sur $\mathbb{R}$.

Pour tout réel x strictement négatif on a: $x < 0$.

Donc :

$$2x < 0$$
$$3x - x < 0$$
$$3x < x.$$

Et puisque la fonction exponentielle est strictement croissante sur $\mathbb{R}$,

$$e^{3x} < e^{x}.$$

Donc, pour tout réel x strictement négatif, $e^{3x} - e^{x} < 0$.

L'équation $f(x) = 1$ n'a pas de solution dans $]-\infty, 0[$.

Sur $[0, +\infty[$, f est continue, car dérivable, strictement croissante. La restriction de f à $[0; +\infty[$ est donc une bijection de $[0; +\infty[$ sur $f([0\,; +\infty[) = [0, +\infty[$. Le réel 1 appartient à $[0; +\infty[$, il admet donc par cette bijection un antécédent α unique dans $[0; +\infty[$. Cet unique réel α vérifie $f(\alpha) = 1$ et est l'unique solution de l'équation $f(x) = 1$ dans $\mathbb{R}$.

b. On sait que $f(0) = 0$, $f(\alpha) = 1$, $f(1) = e^3 - e \approx 17{,}4$.

On a donc : $f(0) \leqslant f(\alpha) \leqslant f(1)$.

Comme f est strictement croissante sur $[0; +\infty[$, on obtient l'encadrement :

$$0 \leqslant \alpha \leqslant 1\,.$$

c. α est l'unique réel tel que $f(\alpha) = 1$.

Cette égalité est successivement équivalente à

$$\begin{aligned} e^{3\alpha} - e^{\alpha} &= 1 \\ e^{\alpha}(e^{2\alpha} - 1) &= 1 \\ e^{2\alpha} - 1 &= e^{-\alpha} \\ e^{2\alpha} &= 1 + e^{-\alpha}. \end{aligned}$$

Les deux membres étant strictement positifs, on a l'égalité équivalente suivante :

$$2\alpha = \ln(1 + e^{-\alpha})$$

$$\boxed{\alpha = \frac{1}{2}\ln(1 + e^{-\alpha})}$$

2. Soit g la fonction définie sur $[0; +\infty[$ par :

$$g(x) = \frac{1}{2}\ln(1 + e^{-x}).$$

a. Pour tout réel x de $[0; +\infty[$ $e^{-x} > 0$. D'où : $1 + e^{-x} > 1$.

La fonction ln étant strictement croissante sur $[0; +\infty[$ on en déduit que

$$\ln(1 + e^{-x}) > \ln 1\,.$$

D'où :
$$\frac{1}{2}\ln(1 + e^{-x}) > 0\,.$$

$$\boxed{\text{Donc, pour tout } x \text{ de } [0\,; +\infty[,\ g(x) \geqslant 0.}$$

b. Pour tout réel x de $[0; +\infty[$:

$$g'(x) = \frac{1}{2}\,\frac{1}{1 + e^{-x}} \times (-e^{-x}) = \frac{1}{2}\,\frac{-e^{-x}}{1 + e^{-x}} = \frac{-1}{2(e^{x} + 1)}.$$

Pour tout réel x de $[0; +\infty[$, $g'(x) < 0$.

c. Majoration de $|g'(x)|$

Étudions les variations de g' sur $[0; +\infty[$.

Pour tout x de $[0; +\infty[$, $g''(x) = \dfrac{e^{x}}{2(e^{x} + 1)^2}$.

Pour tout réel x de $[0; +\infty[$, $g''(x) > 0$. D'où le tableau de variation de g' sur $[0; +\infty[$:

x	0	$+\infty$
$g''(x)$	$+$	
$g'(x)$	$-\frac{1}{4}$ ↗	0

On déduit de ce tableau de variation que, pour tout réel x de $[0; +\infty[$,

$$-\frac{1}{4} \leqslant g'(x) < 0\,.$$

Donc, $\boxed{\text{pour tout réel } x \geqslant 0, \quad |g'(x)| \leqslant \frac{1}{4}}$.

d. Inégalité des accroissements finis

Sur $[0; +\infty[$, g est dérivable et pour tout réel x de $[0, +\infty[$, $|g'(x)| \leqslant \frac{1}{4}$.

Donc, d'après l'inégalité des accroissements finis, on a pour tout réel x positif et pour α:

$$|g(x) - g(\alpha)| \leqslant \frac{1}{4}|x - \alpha|\,.$$

On a vu en **III – 1.c.** que $g(\alpha) = \alpha$. Donc l'inégalité précédente s'écrit :

$$|g(x) - \alpha| \leqslant \frac{1}{4}|x - \alpha|\,.$$

$$\boxed{\text{Pour tout réel } x \text{ positif} \quad |g(x) - \alpha| \leqslant \frac{1}{4}|x - \alpha|}.$$

3. Étude de la suite (u_n)

Soit la suite définie par $u_0 = 0$ et, pour tout n de $\mathbb{N}$, $u_{n+1} = g(u_n)$.

a. Montrons que pour tout n de $\mathbb{N}$, u_n est un réel positif.

$u_0 = 0$, donc u_0 est positif.

Supposons que, pour un entier k naturel, u_k soit positif. Alors d'après **2.a.** $g(u_k)$ est positif. Donc u_{k+1} est positif.

Comme u_0 est positif, u_1 l'est aussi, et d'après le principe de récurrence, pour tout entier naturel n, u_n est positif.

Pour tout entier naturel n, u_n est positif. On peut donc appliquer l'inégalité obtenue au **2.d.** au réel u_n et on a:

$$|g(u_n) - \alpha| \leqslant \frac{1}{4}|u_n - \alpha|\,.$$

D'où : $$|u_{n+1} - \alpha| \leqslant \frac{1}{4}|u_n - \alpha|.$$

b. Montrons par récurrence que, pour tout entier n de $\mathbb{N}$, $|u_n - \alpha| \leqslant \left(\frac{1}{4}\right)^n$.

Si $n = 0$ on a $|u_0 - \alpha| = |0 - \alpha| = |\alpha| \leqslant 1$ car $\alpha \in [0 ; 1]$ et $\left(\frac{1}{4}\right)^0 = 1$.

L'inégalité $|u_0 - \alpha| \leqslant 1$ est vraie.

Supposons que, pour un entier k naturel, on ait

$$|u_k - \alpha| \leqslant \left(\frac{1}{4}\right)^k.$$

Alors d'après **3.a.** on a $|u_{k+1} - \alpha| \leqslant \frac{1}{4}|u_k - \alpha|$.

et comme $|u_k - \alpha| \leqslant \left(\frac{1}{4}\right)^k$ (hypothèse de récurrence)

on a: $\left(\frac{1}{4}\right)|u_k - \alpha| \leqslant \left(\frac{1}{4}\right)^{k+1}$.

Donc $|u_{k+1} - \alpha| \leqslant \left(\frac{1}{4}\right)^{k+1}$.

En conclusion, si, pour un entier naturel k, $|u_k - \alpha| \leqslant \left(\frac{1}{4}\right)^k$ alors on a aussi $|u_{k+1} - \alpha| \leqslant \left(\frac{1}{4}\right)^{k+1}$; comme $|u_0 - \alpha| \leqslant \left(\frac{1}{4}\right)^0$, pour tout entier naturel n on a $|u_n - \alpha| \leqslant \left(\frac{1}{4}\right)^n$.

c. Limite de (u_n)

On vient de montrer que pour tout entier naturel n:

$$0 \leqslant |u_n - \alpha| \leqslant \left(\frac{1}{4}\right)^n$$

Comme $\lim\limits_{n \to +\infty} \left(\frac{1}{4}\right)^n = 0$, on en déduit que

$$\lim_{n \to +\infty} |u_n - \alpha| = 0.$$

D'où par définition, $\boxed{\lim_{n \to +\infty} u_n = \alpha}$.

d. Détermination d'un entier p naturel tel que :

$$\left(\frac{1}{4}\right)^p \leqslant 10^{-6}.$$

Les deux membres étant strictement positifs, et la fonction ln étant strictement croissante sur $]0; +\infty[$, on obtient l'inégalité équivalente suivante :

$$p \ln\frac{1}{4} \leqslant \ln 10^{-6}.$$

$\ln\frac{1}{4}$ est strictement négatif. D'où :

$$p \geqslant \frac{\ln 10^{-6}}{\ln 0{,}25}$$

$$\frac{\ln 10^{-6}}{\ln 0{,}25} \approx 9{,}96.$$

Les solutions de l'inéquation sont les entiers supérieurs ou égaux à 10.

L'entier naturel $p = 10$ *est un entier tel que* $\left(\frac{1}{4}\right)^p \leqslant 10^{-6}$.

e. Valeur approchée de α

Pour $p = 10$, on obtient $u_p = u_{10}$.

La valeur tronquée à 10^{-6} de u_p est $\beta = 0{,}281\ 199$

$$f(\beta) \approx 0{,}999\ 996\ 7$$

$$f(\beta + 10^{-6}) = f(0{,}281\ 2) \approx 1{,}000\ 002\ 4.$$

On a donc : $$f(\beta) < 1 < f(\beta + 10^{-6}).$$

C'est-à-dire : $$f(\beta) < f(\alpha) < f(\beta + 10^{-6}).$$

Donc, puisque f est strictement croissante sur $[0; +\infty[$,

$$\beta < \alpha < \beta + 10^{-6}.$$

$\beta = 0{,}281\ 199$ *est bien une valeur approchée de* α *à* 10^{-6} *près.*

ANTILLES

Session de remplacement, septembre 1996

Exercice 1 (5 points)
- Variable aléatoire
- Espérance mathématique
- Probabilité conditionnelle
- Schéma de Bernoulli

Exercice 2 (5 points)
- Forme algébrique et trigonométrique d'un nombre complexe
- Translation

Problème (5 points)
- Fonction exponentielle
- Fonction logarithme
- Calcul d'une aire
- Étude d'une suite

EXERCICE 1

Pour les questions **1.** *et* **2.**, *on donnera le résultat sous forme de fraction.*

M. Martin a 17 cravates: 12 cravates à motifs et 5 cravates unies. Il range toujours 10 cravates (7 à motifs et 3 unies) du côté gauche de son armoire et 7 cravates (5 à motifs et 2 unies) de l'autre côté.

1. M. Martin devant partir en voyage pendant 3 jours a besoin de 3 cravates. Pour cela, il choisit 3 cravates simultanément et au hasard du côté gauche de son armoire. Soit X le nombre de cravates à motifs qu'il choisit.

a. Calculez la loi de probabilité de X. *1 pt*

b. Calculez $E(x)$. *0,5 pt*

2. Lorsqu'il ne voyage pas, pour déterminer la cravate qu'il portera dans la journée, M. Martin utilise la méthode suivante: il choisit un côté de l'armoire au hasard, de façon équiprobable et il prend ensuite une cravate, toujours au hasard, sur le côté choisi.

On considère les événements suivants:

G: «M. Martin choisit le côté gauche de l'armoire».

D: «M. Martin choisit le côté droit de l'armoire».

M: «M. Martin tire une cravate à motifs».

U: «M. Martin tire une cravate unie».

a. Calculez $p(\mathrm{M})$. *0,5 pt*

b. Calculez $p(\mathrm{G}/\mathrm{M})$ [probabilité conditionnelle de G sachant que M est réalisé, notée aussi $p_{\mathrm{M}}(\mathrm{G})$]. *1 pt*

3. Tous les jours, pendant *n* jours, M. Martin effectue son choix en suivant la méthode indiquée en **2.** Chaque soir, il remet la cravate utilisée pendant la journée à sa place.

a. Calculez en fonction de *n* la probabilité p_n pour qu'il ait pris au moins une cravate à motifs. *1 pt*

b. Calculez la plus petite valeur de *n* pour laquelle $p_n \geqslant 0{,}99$. *1 pt*

EXERCICE 2

Le candidat fera une figure sur laquelle il reportera les points A, B, C, D.

Dans le plan, rapporté à un repère orthonormal $(\mathrm{O}\,;\vec{u},\vec{v})$, on note A, B, C les points d'affixes respectives $a = 3 + i$, $b = 2i$ et $c = 2 - 2i$.

1. Calculez $\dfrac{c-a}{b-a}$ et en déduire la nature du triangle ABC. *0,5 pt*

2. Soit T la translation de vecteur $\overrightarrow{\mathrm{AC}}$.

a. Soit z l'affixe d'un point M et z' celle de son image M′ par T; exprimez z' en fonction de z. *1 pt*

b. Calculez l'affixe du point D image de B par T. *0,5 pt*

c. Quelle est la nature du quadrilatère ABDC? Justifiez votre réponse. *1 pt*

3. a. Mettez c sous forme trigonométrique. *0,5 pt*

b. Pour quelles valeurs de l'entier naturel n, c^n est-il réel? Pour quelles valeurs de l'entier naturel n, c^n est-il imaginaire pur? *1 pt*

c. Calculez c^{1996}. *0,5 pt*

PROBLÈME

Le plan est rapporté à un repère orthonormal $(\mathrm{O}\,;\vec{i},\vec{j})$*, l'unité graphique est 2 cm.*

Partie A – Étude de deux fonctions

On considère les fonctions f et g définies sur $\mathbb{R}$, par $f(x) = (x+1)^2e^{-x}$ et $g(x) = e^{-x}$. On désigne par C_f la courbe représentative de la fonction f et par C_g la courbe représentative de la fonction g.

1. a. Calculez la limite de f en $+\infty$. Que peut-on en déduire pour C_f ?
Calculez la limite de f en $-\infty$. *1 pt*

b. Calculez $f'(x)$ et étudiez son signe. *0,5 pt*

c. Donnez le tableau de variations de f. *0,5 pt*

2. Étudiez g : limites, dérivée, tableau de variations. *1 pt*

3. a. Étudiez le signe de $f(x) - g(x)$ et en déduire la position relative des courbes C_f et C_g. *0,5 pt*

b. Montrez que les tangentes en A(0, 1) aux courbes C_f et C_g sont orthogonales. *0,5 pt*

4. Tracez les courbes C_f et C_g et leurs tangentes au point A. *1 pt*

Partie B – Intégrale. Calcul d'aires

1. Déterminer les réels *a, b, c* pour que la fonction qui à t associe $(at^2+bt+c)e^{-t}$ soit une primitive de la fonction qui à t associe $(t^2+2t)e^{-t}$. *1 pt*

2. α étant un réel positif,

a. Calculez l'aire $\mathscr{A}(\alpha)$ en centimètres carrés de la région du plan comprise entre C_f, C_g, l'axe des ordonnées et la droite d'équation $x = \alpha$ (on pourra utiliser le résultat précédent). *0,5 pt*

b. Calculez $\lim\limits_{\alpha \to +\infty} \mathscr{A}(\alpha)$. *0,5 pt*

3. Calculez en centimètres carrés l'aire de la région du plan comprise entre C_f, C_g la droite d'équation $x = -2$ et l'axe des ordonnées. *0,5 pt*

Partie C – Étude d'une suite

Soit (u_n) la suite définie sur $\mathbb{N}^*$ ($\mathbb{N}$ privé de 0) par $u_n = \ln[f(n)]$.

1. Justifiez que la suite (u_n) est décroissante. *1 pt*

2. On désigne par S_n la somme des n premiers termes de la suite (u_n).

$$S_n = \sum_{k=1}^{n} u_k.$$

a. Montrez que $u_n = -n + 2\ln(n+1)$. **0,5 pt**

b. Démontrez que $S_n = 2\ln[(n+1)!] - \dfrac{n(n+1)}{2}$ pour tout $n \geqslant 1$.

1 pt

CORRIGÉ

EXERCICE 1

1. a. Monsieur Martin choisit trois cravates parmi dix (7 à motifs et 3 unies). Si X est le nombre de cravates à motifs, X prend les valeurs 0, 1, 2 ou 3.

Calculons la loi de probabilité de X c'est-à-dire les probabilités des événements $(X = 0)$, $(X = 1)$, $(X = 2)$, $(X = 3)$.

Le nombre de choix possibles de trois cravates parmi dix est égal à $C_{10}^{3} = 120$.

Le choix se fait au hasard, on suppose donc que tous les sous-ensembles de trois cravates ont la même probabilité $\dfrac{1}{120}$ d'être choisis.

L'événement $(X = 0)$ est l'événement: «Monsieur Martin choisit les trois cravates unies».

Il y a $C_3^3 = 1$ choix possible. D'où, puisqu'il y a équiprobabilité des choix de 3 cravates,

$$\boxed{p(X = 0) = \frac{1}{120}}.$$

La probabilité de l'événement $(X = 1)$ est celle de choisir une cravate à motifs parmi 7 et deux cravates unies parmi 3. D'où :

$$p(X = 1) = \frac{C_7^1 \times C_3^2}{120} = \frac{7 \times 3}{120} = \frac{7}{40}, \quad \boxed{p(X = 1) = \frac{7}{40}}.$$

La probabilité de l'événement $(X = 2)$ est celle de choisir deux cravates à motifs parmi 7 et une cravate unie parmi 3. D'où :

$$p(X = 2) = \frac{C_7^2 \times C_3^1}{120} = \frac{21 \times 3}{120}$$

$$\boxed{p(X = 2) = \frac{21}{40}}.$$

La probabilité de l'événement $(X = 3)$ est celle de choisir les trois cravates parmi les sept cravates à motifs. D'où :

$$p(X = 3) = \frac{C_7^3}{120} = \frac{\frac{7 \times 6 \times 5}{3 \times 2}}{120} = \frac{35}{120}$$

$$\boxed{p(X = 3) = \frac{7}{24}}.$$

On vérifie que $\frac{1}{120} + \frac{7}{40} + \frac{21}{40} + \frac{7}{24} = 1$.

En conclusion, la loi de X est donnée par le tableau suivant:

x_i	0	1	2	3
$p(X = x_i)$	$\frac{1}{120}$	$\frac{7}{40}$	$\frac{21}{40}$	$\frac{7}{24}$

b. Calcul de l'espérance mathématique de X

$$E(X) = 0 \times \frac{1}{120} + 1 \times \frac{7}{40} + 2 \times \frac{21}{40} + 3 \times \frac{7}{24}$$

$$\boxed{E(X) = 2{,}1}.$$

2. a. Calcul de $p(M)$

Les événements G et D forment une partition de l'ensemble des choix possibles et on a :

$$\begin{aligned} M &= M \cap (G \cup D) \\ &= (M \cap G) \cup (M \cap D). \end{aligned}$$

Les événements $(M \cap G)$ et $(M \cap D)$ sont incompatibles. D'où :

$$\begin{aligned} p(M) &= p(M \cap G) + p(M \cap D) \\ &= p(G) \times p(M/G) + p(D) \times p(M/D) \\ &= \frac{1}{2} \times \frac{7}{10} + \frac{1}{2} \times \frac{5}{7} \\ &= \frac{7}{20} + \frac{5}{14} \end{aligned}$$

$$\boxed{p(\mathrm{M}) = \frac{99}{140}}.$$

b. Calcul de $p(\mathrm{G}/\mathrm{M})$

$p(\mathrm{M})$ étant strictement positive, on a

$$p(\mathrm{G}/M) = \frac{p(\mathrm{G} \cap \mathrm{M})}{p(\mathrm{M})}.$$

On a déjà calculé $p(\mathrm{G} \cap \mathrm{M}) = \frac{7}{20}$. D'où :

$$p(\mathrm{G}/\mathrm{M}) = \frac{7}{20} \times \frac{140}{99} = \frac{49}{99}$$

$$\boxed{p(\mathrm{G}/\mathrm{M}) = \frac{49}{99}}.$$

3. Schéma de Bernoulli

Pendant n jours, Monsieur Martin effectue la même épreuve, à savoir choisir une cravate, dans les mêmes conditions et de façon indépendante les unes des autres. Chaque jour, cette épreuve a deux issues possibles: soit Monsieur Martin choisit une cravate à motifs, issue appelée succès, soit Monsieur Martin choisit une cravate unie, issue appelée échec.

Le succès se produit avec la probabilité $\frac{99}{140}$ et l'échec avec la probabilité $1 - \frac{99}{140} = \frac{41}{140}$. On a donc un schéma de Bernoulli et la probabilité d'obtenir k succès (k entier naturel, $0 \leqslant k \leqslant n$) au cours des n journées est égale à:

$$p(k) = \mathrm{C}_n^k \left(\frac{99}{140}\right)^k \left(\frac{41}{140}\right)^{n-k}.$$

a. Calcul de p_n

Soit A l'événement: «Monsieur Martin prend au moins une cravate à motifs au cours des n jours».

A est l'événement contraire de: «Monsieur Martin ne prend aucune cravate à motifs au cours des n jours». Cet événement, noté $\overline{\mathrm{A}}$, est l'événement « obtenir zéro succès au cours des n jours ».

La probabilité $p(\overline{\mathrm{A}})$ est alors:

$$p(\overline{\mathrm{A}}) = \mathrm{C}_n^0 \left(\frac{99}{140}\right)^0 \left(\frac{41}{140}\right)^n = \left(\frac{41}{140}\right)^n.$$

La probabilité p_n est celle de A. D'où :

$$p_n = 1 - p(\bar{A})$$

$$\boxed{p_n = 1 - \left(\frac{41}{140}\right)^n}.$$

b. Calcul de la plus petite valeur de n pour laquelle $p_n \geqslant 0{,}99$

Résolvons dans $\mathbb{N}$ l'inéquation

$$p_n \geqslant 0{,}99$$

qui est équivalente à: $1 - \left(\frac{41}{140}\right)^n \geqslant 0{,}99$

$$\left(\frac{41}{140}\right)^n \leqslant 0{,}01 .$$

Les deux membres étant strictement positifs et la fonction ln étant strictement croissante sur $]0; +\infty[$, on a l'inéquation équivalente suivante :

$$n \ln \frac{41}{140} \leqslant \ln 0{,}01 .$$

Comme $\frac{41}{140} < 1$, $\ln \frac{41}{140} < 0$. D'où :

$$n \geqslant \frac{\ln 0{,}01}{\ln \frac{41}{140}} .$$

La calculatrice donne : $\dfrac{\ln 0{,}01}{\ln \frac{41}{140}} \approx 3{,}7$.

Le plus petit entier naturel n pour lequel $p_n \geqslant 0{,}99$ est $n = 4$.

EXERCICE 2

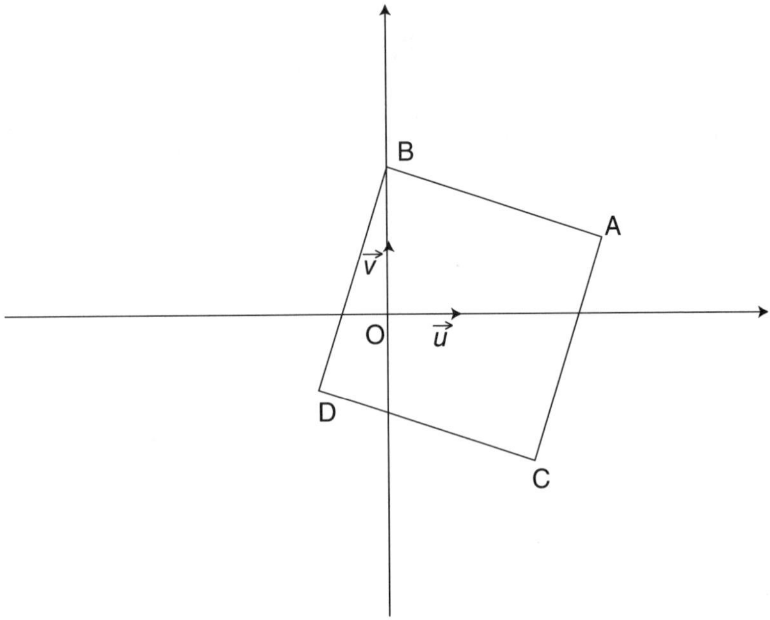

1. Nature du triangle ABC

Calculons $\frac{c-a}{b-a}$ et interprétons géométriquement $\left|\frac{c-a}{b-a}\right|$ et $\arg\left(\frac{c-a}{b-a}\right)$.

$$\frac{c-a}{b-a} = \frac{-1-3i}{-3+i} = \frac{(1+3i)(3+i)}{(3-i)(3+i)} = i.$$

On déduit alors de ce résultat : $\left|\frac{c-a}{b-a}\right| = |i|$. Donc : $\frac{\text{AC}}{\text{AB}} = 1$. Le triangle ABC est donc isocèle en A.

Puis, $\arg\left(\frac{c-a}{b-a}\right) = \arg i + 2k\pi$ où $k \in \mathbb{Z}$.

Donc : $(\overrightarrow{\text{AB}}, \overrightarrow{\text{AC}}) = \frac{\pi}{2} + 2k\pi$ où $k \in \mathbb{Z}$.

Le triangle ABC est rectangle en A.

Le triangle ABC *est donc isocèle rectangle en* A.

2. Translation T

a. Expression complexe de la translation

Le vecteur de la translation $\overrightarrow{AC}$ a pour affixe $c - a = -1 - 3i$.

Tout point M du plan a une image M′ par T telle que :

$$\overrightarrow{MM'} = \overrightarrow{AC}.$$

Ces deux vecteurs étant égaux, leurs affixes sont égales et on a pour tout point M d'affixe z et tout point M′ d'affixe z' :

$M' = T(M)$ si et seulement si $z' - z = -1 - 3i$;

$M' = T(M)$ si et seulement si $z' = z - 1 - 3i$.

L'affixe z' du point M′ image de M par T est, en fonction de l'affixe z de M, égale à :

$$\boxed{z' = z - 1 - 3i}.$$

b. Calcul de l'affixe de D

D est l'image de B par T, donc : $z_D = z_B - 1 - 3i$

$$z_D = 2i - 1 - 3i$$

$$\boxed{z_D = -1 - i}.$$

c. Nature du quadrilatère ABDC

D étant l'image de B par T, on a $\overrightarrow{BD} = \overrightarrow{AC}$. Donc ABDC est un parallélogramme. Comme le triangle ABC est rectangle isocèle, le parallélogramme ABDC a un angle droit en A, c'est donc un rectangle et puisque $AB = AC$, le parallélogramme ABDC a deux côtés consécutifs de même longueur, c'est donc un losange.

ABDC *qui est à la fois un losange et un rectangle est donc un carré.*

3. Calcul de c^n

a. Forme trigonométrique de c

$c = 2 - 2i$ d'où $|c| = 2|1 - i| = 2\sqrt{2}$

c étant non nul, un argument θ de c vérifie :

$$\begin{cases} \cos\theta = \dfrac{\mathrm{Re}\,c}{|c|} = \dfrac{2}{2\sqrt{2}} = \dfrac{1}{\sqrt{2}} \\ \sin\theta = \dfrac{\mathrm{Im}\,c}{|c|} = \dfrac{-2}{2\sqrt{2}} = -\dfrac{1}{\sqrt{2}} \end{cases}$$

Ces deux égalités définissent θ à $2k\pi$ près ($k \in \mathbb{Z}$). On a :

$$\theta = -\frac{\pi}{4} + 2k\pi .$$

D'où la forme trigonométrique de c:

$$\boxed{c = 2\sqrt{2}\left(\cos\frac{\pi}{4} - i\sin\frac{\pi}{4}\right) = 2\sqrt{2}e^{-i\frac{\pi}{4}}}$$

b. Étude de c^n

c étant non nul, c^n est non nul pour tout entier naturel n et on a :

$$\arg c^n = n\arg c = -\frac{n\pi}{4} + 2k\pi \quad \text{où } k \in \mathbb{Z} .$$

c^n est un réel non nul si et seulement si $\arg c^n = k'\pi$ où k' est un entier relatif quelconque.

c^n est un réel non nul si et seulement si : $-n\frac{\pi}{4} = k''\pi$ où $k'' \in \mathbb{Z}$

$$n = -4k'' \qquad k'' \in \mathbb{Z}$$

$$n = 4k_1 \qquad k_1 \in \mathbb{Z} .$$

c^n est réel si et seulement si n est un multiple de 4.

c^n est un imaginaire pur si et seulement si $\arg c^n = \frac{\pi}{2} + k'\pi$ où k' est un entier relatif quelconque.

c^n est un imaginaire pur si et seulement si : $-n\frac{\pi}{4} = \frac{\pi}{2} + k''\pi$ où $k'' \in \mathbb{Z}$

$n = -2 - 4k''$ où $k'' \in \mathbb{Z}$

$n = -2 + 4 - 4(k'' + 1)$ $k'' \in \mathbb{Z}$.

En notant k_2 l'entier relatif $k'' + 1$ on a:

c^n est imaginaire pur si et seulement si $n = 2 + 4k_2$ où k_2 est un entier relatif quelconque.

c. Calcul de c^{1996}

Pour $n = 1996$, c^n est réel car $1996 = 4 \times 499$ (*cf.* **b.**).

D'où : $c^{1996} = (2\sqrt{2})^{1996} e^{-i \times 499\pi}$.

Un argument de c^{1996} est $-499\pi = \pi - 500\pi = \pi - 2 \times 250\pi$.

Donc $e^{-i \times 499\pi} = -1$ et, puisque $(2\sqrt{2})^{1996} = \left(2^{\frac{3}{2}}\right)^{1996} = 2^{2994}$, on a :

$$\boxed{c^{1996} = -2^{2994}}.$$

PROBLÈME

Partie A – Étude de deux fonctions

1. Étude de la fonction *f* définie sur $\mathbb{R}$ par $f(x) = (x+1)^2e^{-x}$

a. $\lim\limits_{x \to +\infty} f(x) = \lim\limits_{x \to +\infty} (x^2e^{-x} + 2xe^{-x} + e^{-x})$.

D'après le cours on sait que $\lim\limits_{x \to +\infty} e^{-x} = 0$ et $\lim\limits_{x \to +\infty} xe^{-x} = 0$.

En posant $x = 2t$ on a : $\lim\limits_{x \to +\infty} x^2e^{-x} = \lim\limits_{t \to +\infty} 4t^2e^{-2t} = \lim\limits_{t \to +\infty} (2te^{-t})^2$.

Or $\lim\limits_{t \to +\infty} te^{-t} = 0$, donc $\lim\limits_{t \to +\infty} (2te^{-t})^2 = 0$.

On obtient donc $\boxed{\lim\limits_{x \to +\infty} f(x) = 0}$ et on en déduit que C_f admet la droite d'équation $y = 0$ comme asymptote.

$\lim\limits_{x \to -\infty} f(x) = \lim\limits_{x \to -\infty} (x+1)^2e^{-x} = +\infty$ car $\lim\limits_{x \to -\infty} (x+1)^2 = +\infty$ et $\lim\limits_{x \to -\infty} e^{-x} = +\infty$.

b. Sens de variation de *f* sur $\mathbb{R}$

La fonction *f* est dérivable sur $\mathbb{R}$ car *f* est le produit de deux fonctions dérivables sur $\mathbb{R}$: $x \mapsto u(x) = (x+1)^2 = x^2 + 2x + 1$ qui est une fonction polynôme et $x \mapsto v(x) = e^{-x}$ qui est la composée de $x \mapsto -x$ suivie de $x \mapsto e^x$ qui sont toutes deux dérivables sur $\mathbb{R}$.

Pour tout réel x, on a:

$$\begin{aligned} f'(x) &= 2(x+1)e^{-x} - (x+1)^2e^{-x} \\ &= (x+1)e^{-x}(2 - x - 1) \\ &= (x+1)(1-x)e^{-x}. \end{aligned}$$

Pour tout réel x, e^{-x} est strictement positif, le signe de $f'(x)$ est celui de $(x+1)(1-x)$ qui est un trinôme du second degré ayant pour racines -1 et 1. D'où le tableau de variation de *f*:

x	$-\infty$		-1		1		$+\infty$
$f'(x)$		$-$	0	$+$	0	$-$	
$f(x)$	$+\infty$	↘	0	↗	$\frac{4}{e}$	↘	0

2. Étude de g définie sur $\mathbb{R}$ par $g(x) = e^{-x}$

$$\lim_{x \to +\infty} g(x) = 0 \text{ et } \lim_{x \to -\infty} g(x) = +\infty.$$

La courbe C_g représentative de g admet la droite d'équation $y = 0$ comme asymptote.

Pour tout réel x, g est dérivable et $g'(x) = -e^{-x}$. g est strictement décroissante sur $\mathbb{R}$. D'où le tableau de variation de g:

x	$-\infty$		$+\infty$
$g'(x)$		$-$	
$g(x)$	$+\infty$	↘	0

3. Positions relatives de C_f et C_g

a. La position de C_f par rapport à C_g est donnée par le signe de $f(x) - g(x)$.

Pour tout réel x,

$$\begin{aligned} f(x) - g(x) &= (x+1)^2 e^{-x} - e^{-x} \\ &= (x^2 + 2x)e^{-x} \\ &= x(x+2)e^{-x}. \end{aligned}$$

Pour tout réel x, e^{-x} est strictement positif et le signe de $f(x) - g(x)$ est celui du produit $x(x+2)$.

Si $x < -2$ ou $x > 0$, $x(x+2) > 0$. Donc $f(x) - g(x) > 0$. Donc C_f est au-dessus de C_g.

Si $-2 < x < 0$, $x(x+2) < 0$. Donc $f(x) - g(x) < 0$. Donc C_f est au-dessous de C_g.

Si $x = -2$ ou $x = 0$, $f(x) = g(x)$, -2 et 0 sont les abscisses des points d'intersection de C_f et C_g.

b. Tangentes à C_f et à C_g au point A (0; 1)

Le point A est l'un des deux points communs à C_f et à C_g (*cf.* **a.**).

Le coefficient directeur de la tangente T_1 à C_f en A est $f'(0) = 1$.

Le coefficient directeur de la tangente T_2 à C_g en A est $g'(0) = -1$.

Le repère $(O ; \vec{i}, \vec{j})$ étant orthonormal et le produit des coefficients directeurs de T_1 et T_2 étant égal à -1, on peut dire que T_1 et T_2 sont orthogonales.

4. Figure : représentations graphiques de f et g

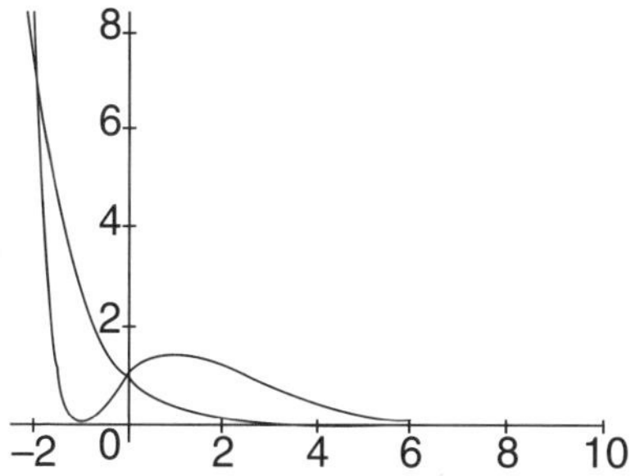

Partie B – Calcul d'aires

1. Recherche d'une primitive de $x \mapsto (x^2 + 2x)e^{-x}$

Soit F la fonction définie sur $\mathbb{R}$ par $F(t) = (at^2 + bt + c)e^{-t}$.

F est une primitive de la fonction définie sur $\mathbb{R}$ par $t \mapsto (t^2 + 2t)e^{-t}$ si pour tout réel t : $F'(t) = (t^2 + 2t)e^{-t}$.

Pour tout réel t, on a :

$$\begin{aligned} F'(t) &= (2at + b)e^{-t} - (at^2 + bt + c)e^{-t} \\ &= [-at^2 + (2a - b)t + b - c]e^{-t}. \end{aligned}$$

L'égalité $F'(t) = (t^2 + 2t)e^{-t}$ est vraie pour tout réel t si

$$\begin{cases} -a = 1 \\ 2a - b = 2 \\ b - c = 0 \end{cases} \quad \text{d'où} \quad \begin{aligned} a &= -1 \\ b &= -4 \\ c &= -4 \end{aligned}$$

Une primitive, sur $\mathbb{R}$, de la fonction $t \mapsto (t^2 + 2t)e^{-t}$ est la fonction F définie sur $\mathbb{R}$ par $F(t) = (-t^2 - 4t - 4)e^{-t} = -(t + 2)^2 e^{-t}$.

2. Calcul de l'aire $\mathscr{A}(\alpha)$ pour $\alpha \geqslant 0$

a. Pour tout réel t de l'intervalle $[0, \alpha]$ on a vu en **A – 3.a.** que C_f est au-dessus de C_g. Donc l'aire $\mathscr{A}(\alpha)$, en unités d'aire, de la partie du plan limitée par C_f, C_g et les droites d'équations $x = 0$ et $x = \alpha$ est égale à :

$$\begin{aligned}\mathcal{A}(\alpha) &= \int_0^{\alpha}[f(t)-g(t)]\mathrm{d}t \quad \text{u.a.}\\ &= \int_0^{\alpha}(t^2+2t)e^{-t}\mathrm{d}t \quad \text{u.a.}\\ &= [-(t+2)^2e^{-t}]_0^{\alpha} \quad \text{u.a.}\\ &= -(\alpha+2)^2e^{-\alpha}+4 \quad \text{u.a.}\end{aligned}$$

L'unité d'aire est égale à 2×2 cm^2 donc, en cm^2, l'aire $\mathcal{A}(\alpha)$ est:

$$\boxed{\mathcal{A}(\alpha) = 16-4(\alpha+2)^2e^{-\alpha}\ \text{cm}^2}.$$

b. Limite de $\mathcal{A}(\alpha)$ en $+\infty$

$\lim\limits_{\alpha \to +\infty} \mathcal{A}(\alpha) = 16$ car $\lim\limits_{\alpha \to +\infty}((\alpha+2)^2e^{-\alpha}) = 0$. La justification de ce résultat est la même que celle proposée en **A – 1.**

$$\boxed{\lim_{\alpha \to +\infty} \mathcal{A}(\alpha) = 16}$$

3. Calcul de l'aire A′

Soit A′ l'aire en cm^2 de la partie du plan limitée par C_f, C_g et les droites d'équations $x = -2$ et $x = 0$. On a vu en **A – 3.a.** que sur l'intervalle $[-2, 0]$, C_f est au-dessous de C_g. Donc l'aire A′ est égale à:

$$\begin{aligned}A' &= 4\int_{-2}^{0}(g(t)-f(t))\mathrm{d}t\ \text{cm}^2\\ &= 4\int_{-2}^{0}-(f(t)-g(t))\mathrm{d}t\ \text{cm}^2\\ &= -4[F(t)]_{-2}^{0}\ \text{cm}^2\\ A' &= -4[-(t+2)^2e^{-t}]_{-2}^{0}\ \text{cm}^2\\ &= 4\times 4-4\times 0\ \text{cm}^2\end{aligned}$$

$$\boxed{A' = 16\ \text{cm}^2}$$

Partie C – Étude d'une suite

Soit (u_n) la suite définie pour tout entier naturel non nul par $u_n = \ln[f(n)]$.

1. Sens de variation de (u_n)

On a vu que f est strictement décroissante sur $[1; +\infty[$. Donc, pour tout entier n de $\mathbb{N}^*$, $n \in [1 ; +\infty[$ et $n+1 \in [1 ; +\infty[$. Donc pour tout n de $\mathbb{N}^*$: $f(n) > f(n+1)$.

Comme pour tout réel x de $[1\,;+\infty[$ $f(x)$ est strictement positif ($f(x)$ est le produit d'un carré $(x+1)^2$, qui est non nul, par e^{-x}, qui est strictement positif) les deux membres de l'inégalité précédente sont strictement positifs et puisque la fonction ln est strictement croissante sur $]0;+\infty[$ on a pour tout n de $\mathbb{N}^*$, $\ln[f(n)] > \ln[f(n+1)]$. Donc $u_n > u_{n+1}$. Donc $u_{n+1} - u_n < 0$.

La suite (u_n), pour n naturel non nul, est strictement décroissante.

2. Calcul de S_n

a. Pour tout entier n de $\mathbb{N}^*$:

$$\begin{aligned}\ln[f(n)] &= \ln(n+1)^2e^{-n}\\ &= \ln e^{-n} + \ln(n+1)^2\\ &= -n + 2\ln(n+1) \quad \text{car} \quad n+1>0.\end{aligned}$$

Pour tout n de $\mathbb{N}^*$ $\boxed{u_n = -n + 2\ln(n+1)}$.

b. Pour tout n de $\mathbb{N}^*$,

$$\begin{aligned}S_n &= \sum_{k=1}^{n} u_k\\ &= \sum_{k=1}^{n} (-k + 2\ln(k+1))\\ &= -\sum_{k=1}^{n} k + 2\sum_{k=1}^{n} \ln(k+1).\end{aligned}$$

On sait que la somme des n premiers entiers non nuls est $\dfrac{n(n+1)}{2}$. D'où :

$$\begin{aligned}S_n &= -\frac{n(n+1)}{2} + 2(\ln 2 + \ln 3 + \ldots + \ln(n+1))\\ &= -\frac{n(n+1)}{2} + 2(\ln 2 \times 3 \times \ldots \times (n+1)).\end{aligned}$$

Comme $2 \times 3 \times \ldots \times (n+1) = 1 \times 2 \times 3 \times \ldots \times (n+1) = (n+1)!$, on obtient :

pour tout entier n de $\mathbb{N}^*$ $\boxed{S_n = -\dfrac{n(n+1)}{2} + 2\ln[(n+1)!]}$.

SUJET **10**

LA RÉUNION

Juillet 1996

Exercice 1 (4 points)
- Probabilité
- Variable aléatoire

Exercice 2 (obligatoire) (5 points)
- Nombres complexes
- Résolution d'équations
- Interprétation géométrique

Problème (11 points)
- Fonction exponentielle
- Calcul d'une aire
- Suite

EXERCICE 1

Au cours d'une fête, le jeu suivant est proposé au public :

Dans une urne se trouvent placées 7 boules noires et 3 boules rouges, indiscernables au toucher.

Le joueur prend une boule au hasard ; si cette boule est noire, le jeu s'arrête ; si la boule est rouge, le joueur prend une deuxième boule (sans remettre la première boule tirée dans l'urne) et le jeu s'arrête.

Une boule noire tirée rapporte au joueur 1 F et chaque boule rouge 2 F.

Pour faire un jeu, le joueur paye 2 F. On désigne par X la variable aléatoire associée au gain algébrique du joueur (c'est-à-dire la différence entre la somme rapportée par les boules tirées et le prix du jeu).

1. a. Quelles sont les valeurs que X peut prendre ? *0,5 pt*

b. Déterminer la loi de probabilité de X, puis son espérance mathématique. *1 pt*

2. Un joueur fait trois jeux. Ceux-ci se déroulent dans des conditions identiques. (Après chaque jeu, les boules tirées sont remises dans l'urne.)

Déterminer la probabilité des événements suivants :

A : le joueur perd 3 F.

B : le joueur perd 1 F.

C : le gain du joueur est nul.

(On donnera les résultats à 10^{-1} près.)

En déduire la probabilité de l'événement D : « le joueur a un gain strictement positif ». **2,5 pts**

EXERCICE 2

1. Résoudre dans l'ensemble $\mathbb{C}$ des nombres complexes les équations suivantes :

a. $z^2 - 2z + 5 = 0$. **0,5 pt**

b. $z^2 - 2(1 + \sqrt{3})z + 5 + 2\sqrt{3} = 0$. **0,5 pt**

2. On considère dans le plan complexe rapporté à un repère orthonormal direct $(O ; \vec{u}, \vec{v})$ les points A, B, C, D d'affixes respectives :

$$z_A = 1 + 2i, \ z_B = 1 + \sqrt{3} + i, \ z_C = 1 + \sqrt{3} - i \text{ et } z_D = 1 - 2i.$$

a. Placer A, B, C et D et préciser la nature du quadrilatère ABCD. **0,5 pt**

b. Vérifier que $\dfrac{z_D - z_B}{z_A - z_B} = i\sqrt{3}$.

Que peut-on en déduire pour les droites (AB) et (BD) ? **1 pt**

c. Prouver que les points A, B, C, D appartiennent à un même cercle Γ dont on précisera le centre et le rayon. Tracer Γ. **1 pt**

3. On considère l'équation

$$z^2 - 2(1 + 2\cos\theta)z + 5 + 4\cos\theta = 0 \qquad (1)$$

où θ désigne un nombre quelconque.

a. Résoudre l'équation (1) dans $\mathbb{C}$. **1 pt**

b. Montrer que les images des solutions appartiennent au cercle Γ. **0,5 pt**

PROBLÈME

On considère la fonction définie sur $]0, +\infty[$ par $f(x) = e^x - \ln x$ et sa courbe représentative C dans un plan rapporté à un repère orthonormal $(O ; \vec{i}, \vec{j})$ (unité graphique : 2 cm).

Partie A – Étude de la fonction *f*

1. a. Étudier les variations de la fonction ϕ définie sur $\mathbb{R}$ par $\phi(x) = xe^x - 1$. **0,5 pt**

b. En déduire qu'il existe un réel unique α tel que: $\alpha e^{\alpha} = 1$. Donner un encadrement de α d'amplitude 10^{-3}. **1 pt**

c. Préciser le signe de $\phi(x)$ selon les valeurs de x. **0,5 pt**

2. a. Déterminer les limites de f aux bornes de $]0, +\infty[$. **0,5 pt**

b. Calculer la fonction dérivée f' de f et étudier son signe sur $]0, +\infty[$ en utilisant la question **A – 1.**

Dresser le tableau de variations de f. **1 pt**

c. Montrer que f admet un minimum m égal à $\alpha + \alpha^{-1}$. Justifier que $2{,}32 \leqslant m \leqslant 2{,}34$. **1 pt**

Partie B – Construction de la courbe C et calcul d'aire

1. Donner une équation de la tangente T à C en son point d'abscisse 1. Déterminer le point d'intersection de T et de l'axe des ordonnées. **0,5 pt**

2. Tracer C et T. **1 pt**

3. Soit λ un nombre réel de l'intervalle $]0, 1[$.

a. Calculer $\int_{\lambda}^{1} \ln x \, dx$, en utilisant une intégration par parties. **0,5 pt**

b. Exprimer, en centimètres carrés, en fonction de λ, l'aire $A(\lambda)$ du domaine plan constitué par les points $M(x, y)$ tels que: $\lambda \leqslant x \leqslant 1$ et $0 \leqslant y \leqslant f(x)$. **0,5 pt**

c. Déterminer la limite de $A(\lambda)$ quand λ tend vers zéro par valeurs strictement positives. (On admettra que $\lim\limits_{x \to 0} x \ln x = 0$.) **0,5 pt**

Partie C – Étude d'une suite

1. En utilisant les résultats de la partie **A**, démontrer que, pour tout entier $n > 3$, l'équation $f(x) = n$ admet une solution unique dans l'intervalle $[1, +\infty[$. On notera x_n cette solution. **1 pt**

2. Déterminer à la calculatrice des valeurs approchées à 10^{-1} près de x_{10}, x_{100}, x_{1000}. **0,5 pt**

3. Démontrer que la suite $(x_n)_{n \geqslant 3}$ est croissante. **1 pt**

4. Démontrer que, pour tout entier $p \geqslant 3$, $f(\ln p) \leqslant p$. En déduire la limite de la suite $(x_n)_{n \geqslant 3}$. **1 pt**

CORRIGÉ

EXERCICE 1

1. Variable aléatoire X

a. Valeurs prises par X

Le jeu peut être décrit par le schéma suivant:

1er tirage	2e tirage	gain
boule noire		$X = -1$
boule rouge	boule noire	$X = 1$
	boule rouge	$X = 2$

Les valeurs prises par la variable aléatoire X égale au gain algébrique du joueur sont les nombres: – 1, 1, 2.

b. Loi de la variable aléatoire

La probabilité de l'événement $(X = -1)$ est égale à la probabilité de tirer une boule noire parmi les dix boules de l'urne. Sachant qu'il y a sept boules noires et que toutes les boules ont la même probabilité d'être tirées, $p(X = -1) = \frac{7}{10}$.

La probabilité de l'événement $(X = 1)$ est la probabilité de tirer une boule rouge au premier tirage puis une boule noire au deuxième tirage. Si R_1 est l'événement: «tirer une boule rouge au premier tirage» et N_2 l'événement: «tirer une boule noire au deuxième tirage», on a:

$$\begin{aligned} p(X = 1) &= p(R_1 \cap N_2) \\ &= p(R_1) \times p_{R_1}(N_2). \end{aligned}$$

Or $p(R_1) = \frac{3}{10}$ et $p_{R_1}(N_2) = \frac{7}{9}$ car la première boule tirée n'est pas remise dans l'urne.

D'où $p(X = 1) = \frac{3}{10} \times \frac{7}{9} = \frac{7}{30}$.

La probabilité de l'événement $(X = 2)$ est la probabilité de tirer une première boule rouge et une deuxième boule rouge. Si on appelle R_1 et R_2 les événements «tirer une boule rouge au premier tirage et tirer une boule rouge au deuxième tirage», on a:

$$\begin{aligned} p(X = 2) &= p(R_1 \cap R_2) \\ &= p(R_1) \times p_{R_1}(R_2) \\ &= \frac{3}{10} \times \frac{2}{9} \end{aligned}$$

car il reste dans l'urne neuf boules dont deux rouges après le 1er tirage.

$$p(X = 2) = \frac{2}{30} = \frac{1}{15}.$$

D'où le tableau donnant la loi de X:

x_i	-1	1	2
$p(X = x_i)$	$\frac{7}{10}$	$\frac{7}{30}$	$\frac{1}{15}$

On vérifie que $\frac{7}{10} + \frac{7}{30} + \frac{7}{30} = 1$.

L'espérance mathématique de X est:

$$E(X) = (-1)\frac{7}{10} + \frac{7}{30} + 2 \times \frac{2}{30} = -\frac{1}{3}. \quad \boxed{E(X) = -\frac{1}{3}}.$$

À chaque partie, le joueur perd, en moyenne, un tiers de franc.

2. Un joueur fait trois jeux

- Soit A l'événement: «le joueur perd 3 F».

L'événement A est donc l'événement: le joueur perd 1 franc à chacune des trois parties. Les trois parties se déroulent dans les mêmes conditions. Donc la probabilité de perdre un franc est toujours égale à 0,7 et les résultats des trois parties sont indépendants les uns des autres. Donc :

$$\begin{aligned} p(A) &= p[(X = -1) \text{ et } (X = -1) \text{ et } (X = -1)] \\ &= [p(X = -1)]^3 \end{aligned}$$

$$\boxed{p(A) = (0{,}7)^3 = 0{,}343}.$$

- Soit B l'événement: «le joueur perd 1 franc».

L'événement B est réalisé uniquement dans le cas où il a perdu 1 franc au cours de deux parties et gagné 1 franc au cours d'une partie. La partie au cours de laquelle le joueur gagne un franc peut être la première, la seconde ou la troisième, (il y a C_3^1 possibilités) d'où, avec les hypothèses faites précédemment, on a:

$$p(\mathrm{B}) = C_3^1 p[(X = -1) \text{ et } (X = -1) \text{ et } (X = 1)]$$

$$= 3 \times (0{,}7)^2 \times \left(\frac{7}{30}\right)$$

$\boxed{p(\mathrm{B}) = 0{,}343}$.

• L'événement C est: «le gain du joueur est nul».

L'événement C est réalisé si le joueur perd deux fois un franc et gagne une fois deux francs. La partie au cours de laquelle le joueur gagne deux francs peut être la première, la seconde ou la troisième. Les parties étant faites dans les mêmes conditions et de façon indépendante les unes des autres, on a:

$$p(\mathrm{C}) = C_3^1 p[(X = -1) \text{ et } (X = -1) \text{ et } (X = 2)]$$

$$= 3 \times (0{,}7)^2 \times \frac{2}{30}$$

$\boxed{p(\mathrm{C}) = 0{,}098}$.

• L'événement D est: «le joueur a un gain strictement positif».

Le gain Y du joueur à l'issue des trois jeux est négatif ou nul dans les deux cas suivants:

il perd trois fois 1 franc: événement A,

il perd deux fois 1 franc: événement B ou C.

S'il ne perd qu'une seule fois un franc, Y est strictement positif. S'il ne perd jamais un franc, Y est évidemment strictement positif. Donc, puisque l'événement $(Y > 0)$ est l'événement contraire de l'événement $(Y \leqslant 0)$ et que l'événement $(Y \leqslant 0)$ est égal à la réunion $\mathrm{A} \cup \mathrm{B} \cup \mathrm{C}$, on a :

$$p(\mathrm{D}) = p(\mathrm{Y} > 0) = 1 - p(\mathrm{Y} \leqslant 0)$$

$$= 1 - p(\mathrm{A} \cup \mathrm{B} \cup \mathrm{C}).$$

Les événements A, B, C sont incompatibles deux à deux. Donc :

$$p(\mathrm{D}) = 1 - p(\mathrm{A}) - p(\mathrm{B}) - p(\mathrm{C})$$

$$= 1 - 2 \times 0{,}343 - 0{,}098$$

$\boxed{p(\mathrm{D}) = 0{,}216}$.

EXERCICE 2

1. Résolution dans $\mathbb{C}$ de deux équations

a. Soit l'équation $z^2 - 2z + 5 = 0$.

Cette équation du second degré admet pour discriminant:

$\Delta = 4 - 4 \times 5 = -16 = (4i)^2$.

L'équation admet donc deux racines complexes conjuguées:

$$z_1 = \frac{2+4i}{2} = 1 + 2i \qquad z_2 = \frac{2-4i}{2} = 1 - 2i.$$

L'ensemble $\mathcal{S}_1$ des solutions de l'équation est donc

$$\boxed{\mathcal{S}_1 = \{1 - 2i\ ;\ 1 + 2i\}}.$$

b. Soit l'équation: $z^2 - 2(1+\sqrt{3})z + 5 + 2\sqrt{3} = 0$.

Cette équation du second degré admet pour discriminant:

$$\begin{aligned}\Delta &= 4(1+\sqrt{3})^2 - 4(5+2\sqrt{3}) = 4(1 + 2\sqrt{3} + 3 - 5 - 2\sqrt{3}) \\ &= -4 = (2i)^2.\end{aligned}$$

D'où l'équation admet deux racines complexes conjuguées:

$$z_3 = \frac{2(1+\sqrt{3}) + 2i}{2} = 1 + \sqrt{3} + i$$

$$z_4 = \frac{2(1+\sqrt{3}) - 2i}{2} = 1 + \sqrt{3} - i.$$

L'ensemble $\mathcal{S}_2$ des solutions de l'équation est:

$$\boxed{\mathcal{S}_2 = \{1 + \sqrt{3} - i\ ;\ 1 + \sqrt{3} + i\}}.$$

2. Représentation des solutions dans le plan complexe

a. Les points A, B, C, D images des complexes z_1, z_3, z_4, z_2 ont pour coordonnées dans le repère $(O\ ;\ \vec{u}, \vec{v})$:

$$A(1\ ;\ 2),\quad B(1+\sqrt{3}\ ;\ 1),\quad C(1+\sqrt{3}\ :\ -1),\quad D(1\ ;\ -2).$$

Nature du quadrilatère ABCD.

On a $z_D = \overline{z_A}$ et $z_C = \overline{z_B}$.

Donc D et C sont les images de A et B par la réflexion d'axe $(O\ ;\ \vec{u})$. Les droites (AD) et (BC) sont parallèles, le quadrilatère ABCD est donc un trapèze et $AB = DC$ puisque la réflexion est une isométrie. D'où:

le quadrilatère ABCD est un trapèze isocèle.

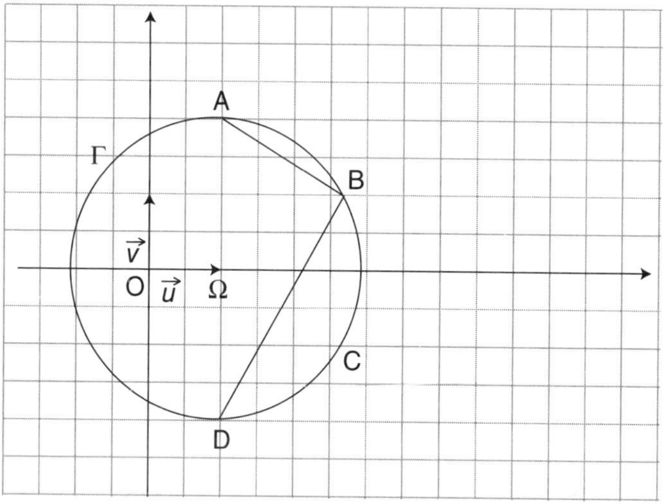

b. Montrons que $\dfrac{z_D - z_B}{z_A - z_B} = i\sqrt{3}$

$z_A \neq z_B$, d'où :

$$\frac{z_D - z_B}{z_A - z_B} = \frac{1 - 2i - (1 + \sqrt{3} + 3i)}{1 + 2i - (1 + \sqrt{3} + i)} = \frac{-\sqrt{3} - 3i}{-\sqrt{3} + i} = \frac{(-\sqrt{3} - 3i)(-\sqrt{3} - i)}{(-\sqrt{3} + i)(-\sqrt{3} - i)}$$

$$= \frac{3 - 3 + 4\sqrt{3}i}{4}$$

$$\boxed{\frac{z_D - z_B}{z_A - z_B} = i\sqrt{3}}.$$

Montrons que (AB) et (BC) sont perpendiculaires. $z_D \neq z_B$, d'où :

d'après le calcul précédent $\arg\left(\dfrac{z_D - z_B}{z_A - z_B}\right) = \arg(i\sqrt{3}) + 2k\pi$ où $k \in \mathbb{Z}$

$$\arg\left(\frac{z_D - z_B}{z_A - z_B}\right) = \frac{\pi}{2} + 2k\pi \text{ où } k \in \mathbb{Z}.$$

D'autre part:

$$\arg\left(\frac{z_D - z_B}{z_A - z_B}\right) = \arg(z_D - z_B) - \arg(z_A - z_B) + 2k'\pi \quad \text{où } k' \in \mathbb{Z}$$

$$= (\vec{u}, \overrightarrow{BD}) - (\vec{u}, \overrightarrow{BA}) + 2k'\pi \quad \text{où } k' \in \mathbb{Z}$$

$$= (\overrightarrow{BA}, \overrightarrow{BD}) + 2k'\pi \quad \text{où } k' \in \mathbb{Z}.$$

Donc $(\overrightarrow{BA}, \overrightarrow{BD}) = \frac{\pi}{2} + 2k''\pi$ où $k'' \in \mathbb{Z}$.

Les droites (AB) et (BD) sont donc perpendiculaires.

c. Montrons que les quatre points A, B, C, D sont cocycliques

On vient de montrer que les droites (AB) et (BD) sont perpendiculaires. Le triangle ABD est donc rectangle en B. Les trois points A, B, D appartiennent donc au cercle Γ circonscrit à ABD qui a son centre en Ω, milieu de l'hypoténuse [AD], et pour rayon $\frac{AD}{2}$. L'affixe de Ω est égale à la demi-somme des affixes de A et D, donc $z_\Omega = 1$. Le rayon est égal à $\frac{1}{2}AD = \frac{1}{2}|z_D - z_A| = 2$.

Γ ayant son centre Ω sur $(O ; \vec{u})$, l'axe $(O ; \vec{u})$ est un axe de symétrie de Γ. Donc le symétrique du point B appartient aussi à Γ. **Les quatre points A, B, C et D appartiennent donc à Γ.**

3. Soit l'équation: $z^2 - 2(1 + 2\cos\theta)z + 5 + 4\cos\theta = 0$. (1)

a. L'équation (1) est une équation du second degré dont le discriminant est:

$$\begin{aligned}\Delta &= 4(1 + 2\cos\theta)^2 - 4(5 + 4\cos\theta)\\ &= 4(1 + 4\cos\theta + 4\cos^2\theta - 5 - 4\cos\theta)\\ &= 4(-4 + 4\cos^2\theta)\\ &= -16(1 - \cos^2\theta) = -16\sin^2\theta = (4i\sin\theta)^2.\end{aligned}$$

L'équation (1) admet donc deux racines complexes conjuguées:

$$z_4 = \frac{2(1 + 2\cos\theta) + 4i\sin\theta}{2} = 1 + 2\cos\theta + 2i\sin\theta$$

$$z_5 = \frac{2(1 + 2\cos\theta) - 4i\sin\theta}{2} = 1 + 2\cos\theta - 2i\sin\theta.$$

Les solutions de (1) sont donc les nombres complexes:

$$\boxed{z_4 = 1 + 2\cos\theta + 2i\sin\theta \quad \text{et} \quad z_5 = 1 + 2\cos\theta - 2i\sin\theta}.$$

b. Soient E et F les images de z_4 et z_5 dans le plan complexe. Calculons les distances ΩE et ΩF.

$$\begin{aligned}\Omega E &= \|\overrightarrow{\Omega E}\| = |z_E - z_\Omega| = |z_5 - 1| = |2\cos\theta + 2i\sin\theta|\\ &= 2|\cos\theta + i\sin\theta|\\ &= 2.\end{aligned}$$

$$\Omega F = \|\overrightarrow{\Omega F}\| = |z_F - z_\Omega| = |z_6 - 1| = |2\cos\theta - 2i\sin\theta|$$
$$= 2|\cos\theta - i\sin\theta|$$
$$= 2.$$

Les points E et F images de z_5 et z_6 appartiennent donc au cercle Γ.

PROBLÈME

Partie A – Étude de la fonction *f*

1. a. Étude des variations de la fonction ϕ définie sur $\mathbb{R}$ par $\phi(x) = xe^x - 1$.

Les fonctions $x \mapsto x$ et $x \mapsto e^x$ sont dérivables sur $\mathbb{R}$, donc leur produit $x \mapsto xe^x$ est dérivable sur $\mathbb{R}$ et donc ϕ est dérivable sur $\mathbb{R}$.

Pour tout réel x, $\phi'(x) = e^x + xe^x$
$$= e^x(1 + x).$$

Le signe de $\phi'(x)$ est celui de $1 + x$ car pour tout réel x, e^x est strictement positif.

D'où :

si $x < -1$, $\phi'(x) < 0$ donc ϕ est strictement décroissante sur $]-\infty, -1[$

si $x > -1$, $\phi'(x) > 0$ donc ϕ est strictement croissante sur $]-1, +\infty[$.

Calculons les limites de ϕ aux bornes de $\mathbb{R}$.

$$\lim_{x \to -\infty} \phi(x) = \lim_{x \to -\infty} (xe^x - 1) = -1 \text{ car } \lim_{x \to -\infty} xe^x = 0.$$

$$\lim_{x \to +\infty} \phi(x) = \lim_{x \to +\infty} (xe^x - 1) = +\infty \text{ car } \lim_{x \to +\infty} e^x = +\infty.$$

D'où le tableau de variation de ϕ.

x	$-\infty$		-1		$+\infty$
$\phi'(x)$		$-$	0	$+$	
$\phi(x)$	-1	↘	$-1-\frac{1}{e}$	↗	$+\infty$

b. Soit α le réel tel que $\alpha e^\alpha = 1$

Pour tout réel α, l'égalité $\alpha e^\alpha = 1$ est équivalente à $\alpha e^\alpha - 1 = 0$.

α est donc solution de l'équation $\phi(x) = 0$.

D'après l'étude de ϕ faite au **a.**, l'équation $\phi(x) = 0$ n'a pas de solution dans $]-\infty, -1]$ car ϕ étant strictement décroissante sur $]-\infty, -1]$ pour tout réel $x \leqslant -1$, $\phi(x) \leqslant \lim\limits_{x \to -\infty} \phi(x)$ donc $\phi(x) \leqslant -1$.

Sur l'intervalle $[-1, +\infty[$, ϕ est dérivable strictement croissante. Donc la restriction ϕ_1 de ϕ à $[-1, +\infty[$ est une bijection de $[-1, +\infty[$ sur

$\phi([-1, +\infty[) = \left[-1-\frac{1}{e}, +\infty\right[$. Or 0 est un réel de $\left[-1-\frac{1}{e}\,; +\infty\right[$, il

admet donc par ϕ_1 un unique antécédent α dans $[-1, +\infty[$.

Conclusion: l'équation $\phi(x) = 0$ admet une unique solution α dans $\mathbb{R}$. α vérifie $\alpha e^{\alpha} - 1 = 0$ donc $\alpha e^{\alpha} = 1$.

Encadrement de α

Avec la calculatrice on obtient:

$\phi(0) = -1$, $\phi(1) = e - 1$. Donc puisque ϕ est strictement croissante sur $[-1, +\infty[$: $\phi(0) < \phi(\alpha) < \phi(1)$, $0 < \alpha < 1$.

En procédant de la même façon on obtient:

$\phi(0{,}5) \approx -0{,}17$, $\phi(0{,}6) \approx 0{,}093$. Donc : $0{,}5 < \alpha < 0{,}6$.

Puis : $\phi(0{,}56) \approx -0{,}019$, $\phi(0{,}57) \approx 7{,}9 \times 10^{-3}$. Donc : $0{,}56 < \alpha < 0{,}57$.

Puis : $\phi(0{,}567) \approx -3{,}9 \times 10^{-3}$, $\phi(0{,}568) \approx 2{,}36 \times 10^{-3}$. Donc :

$$\boxed{0{,}567 < \alpha < 0{,}568}.$$

c. Signe de $\phi(x)$

D'après l'étude des variations de ϕ on a:

pour tout réel x de $]-\infty, \alpha[$, $\phi(x) < 0$;

pour tout réel x de $]\alpha, +\infty[$, $\phi(x) > 0$;

pour $x = \alpha$ $\phi(x) = \phi(\alpha) = 0$.

2. a. Limites de f aux bornes de $]0; +\infty[$

$\lim\limits_{x \to 0} f(x) = \lim\limits_{x \to 0} (e^x - \ln x) = +\infty$ car $\lim\limits_{x \to 0} e^x = 1$ et $\lim\limits_{x \to 0} \ln x = -\infty$

$$\boxed{\lim_{x \to 0} f(x) = +\infty}$$

Ce résultat indique que la courbe C admet une asymptote verticale d'équation $x = 0$.

$$\lim_{x \to +\infty} f(x) = \lim_{x \to +\infty} (e^x + \ln x) = \lim_{x \to +\infty} \left[x\left(\frac{e^x}{x} - \frac{\ln x}{x}\right)\right].$$

x est non nul quand il tend vers $+\infty$.

$\boxed{\lim_{x \to +\infty} f(x) = +\infty}$ car $\lim_{x \to +\infty} \frac{e^x}{x} = +\infty$ et $\lim_{x \to +\infty} \frac{\ln x}{x} = 0$.

b. Variations de *f* sur]0; +∞[

Les fonctions $x \mapsto e^x$ et $x \mapsto \ln x$ sont dérivables sur]0; +∞[. Donc *f* est dérivable sur]0; +∞[et pour tout réel x de]0; +∞[:

$$f'(x) = e^x - \frac{1}{x} = \frac{xe^x - 1}{x} = \frac{\phi(x)}{x}.$$

Pour tout x strictement positif, le signe de $f'(x)$ est celui de $\phi(x)$ étudié précédemment. D'où le tableau de variation de *f*:

x	0		α		$+\infty$
$f'(x)$	‖	$-$	0	$+$	
$f(x)$	‖ $+\infty$	↘	$\alpha + \frac{1}{\alpha}$	↗	$+\infty$

Calcul de $f(\alpha)$: $f(\alpha) = e^{\alpha} - \ln\alpha$.

Le réel α est l'unique réel vérifiant $\alpha e^{\alpha} = 1$. D'où : $e^{\alpha} = \frac{1}{\alpha}$, car $\alpha \neq 0$, et $\alpha = e^{-\alpha}$. Donc $\ln\alpha = -\alpha$.

Avec ces remarques on obtient: $\boldsymbol{f(\alpha) = \frac{1}{\alpha} - (-\alpha) = \alpha + \frac{1}{\alpha}}$**.**

c. Encadrement du minimum *m* de *f*

D'après l'étude des variations de *f*, *f* admet un minimum pour $x = \alpha$. Ce minimum m est égal à $f(\alpha) = \alpha + \frac{1}{\alpha}$.

En utilisant l'encadrement obtenu en **b.** on a: $0{,}567 < \alpha < 0{,}568$.

D'où : $\frac{1}{0{,}568} < \frac{1}{\alpha} < \frac{1}{0{,}567}$.

D'où : $0{,}567 + \frac{1}{0{,}568} < f(\alpha) < 0{,}568 + \frac{1}{0{,}567}$.

Comme $0{,}567 + \frac{1}{0{,}568} > 2{,}32$ et que $0{,}568 + \frac{1}{0{,}567} < 2{,}34$ on a bien: $\boxed{2{,}32 < m < 2{,}34}$.

Partie B – Construction de la courbe C et calcul d'aire

1. Équation de la tangente T

Au point d'abscisse 1, une équation de la tangente T à C est:

$$y = f'(1)(x-1)+f(1) = (e-1)(x-1)+e = (e-1)x-e+1+e$$

$$\boxed{y = (e-1)x+1}$$

T coupe l'axe des ordonnées au point de coordonnées (0; 1).

2. Tracé de C et T

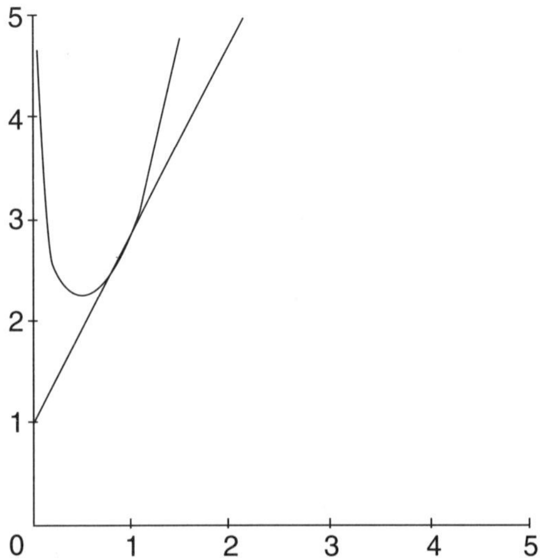

3. Calcul d'aire

a. Calcul de l'intégrale $\mathbf{I = \int_\lambda^1 \ln x \, dx}$ (X > 0)

Posons : $u(x) = \ln x$. D'où : $u'(x) = \frac{1}{x}$.

Posons : $v'(x) = 1$. D'où $v(x) = x$.

Les fonctions u, v, u', v' étant continues sur $\mathbb{R}_+^*$ on peut écrire:

$$I = \int_\lambda^1 \ln x \mathrm{d}x = [x \ln x]_\lambda^1 - \int_\lambda^1 x \times \frac{1}{x} \mathrm{d}x$$

$$= -\lambda \ln \lambda - [x]_\lambda^1$$

$$\boxed{I = \int_\lambda^1 \ln x \mathrm{d}x = -\lambda \ln \lambda - 1 + \lambda}.$$

b. Calcul de $A(\lambda)$

La courbe C étant située au-dessus de l'axe des abscisses, l'aire de la partie du plan limitée par C et les droites d'équations $x = \lambda$, $x = 1$, $y = 0$ est égale en unités d'aire à $\int_{\lambda}^{1} f(x)\mathrm{d}x$.

L'unité de longueur étant 2 cm, l'unité d'aire est $2 \times 2 = 4 \text{ cm}^2$.

D'où l'aire $A(\lambda)$ en cm^2 est $4\int_{\lambda}^{1} f(x)\mathrm{d}x$.

$$A(\lambda) = 4\int_{\lambda}^{1} (e^x - \ln x)\mathrm{d}x = 4\int_{\lambda}^{1} e^x\mathrm{d}x - 4\int_{\lambda}^{1} \ln x\mathrm{d}x$$

$$= 4[e^x]_{\lambda}^{1} - 4(-\lambda\ln\lambda - 1 + \lambda)$$

$$\boxed{A(\lambda) = 4(e - e^{\lambda} + \lambda\ln\lambda + 1 - \lambda) \text{ cm}^2}.$$

En cm^2, l'aire $A(\lambda)$ est égale à $4(e - e^{\lambda} + \lambda\ln\lambda - \lambda + 1)$.

c. Limite de $A(\lambda)$ lorsque λ tend vers 0

$$\lim_{\lambda \to 0} A(\lambda) = \lim_{\lambda \to 0} 4(e - e^{\lambda} + \lambda\ln\lambda - \lambda + 1)$$

$$\lim_{\lambda \to 0} e^{\lambda} = 1 \text{ et } \lim_{\lambda \to 0} (\lambda\ln\lambda) = 0$$

D'où $\boxed{\lim_{\lambda \to 0} A(\lambda) = 4e \text{ cm}^2}$.

Partie C – Étude d'une suite

1. Solution de l'équation $f(x) = n$ (n entier naturel $n \geqslant 3$)

Sur $[1 ; +\infty[$, f est dérivable et strictement croissante. Donc sa restriction f_1 à $[1 ; +\infty[$ est une bijection de $[1 ; +\infty[$ sur

$$f([1 ; +\infty]) = [f(1) ; \lim_{x \to +\infty} f(x)[.$$

Donc f_1 est bijective de $[1 ; +\infty[$ sur $[e ; +\infty[$.

Pour tout entier n, $n \geqslant 3$, n appartient à $[e ; +\infty[$; donc n admet par f_1 un unique antécédent x_n dans $[1 ; +\infty[$. x_n vérifie $f(x_n) = n$.

2. Valeurs approchées de x_{10}, x_{100}, x_{1000}

Avec la calculatrice on obtient

$$\boxed{x_{10} \approx 2{,}4 \qquad x_{100} \approx 4{,}6 \qquad x_{1000} \approx 6{,}9}.$$

3. Montrons que la suite $(x_n)_{n \geqslant 3}$ est croissante

Pour tout entier $n \geqslant 3$: $f(x_{n+1}) = n + 1$ et $f(x_n) = n$.

D'où $f(x_{n+1}) > f(x_n)$ et puisque f est strictement croissante sur $[3; +\infty[$, pour tout entier $n \geqslant 3$, $x_{n+1} > x_n$.

La suite $(x_n)_{n \geqslant 3}$ est donc strictement croissante.

4. Limite de la suite $(x_n)_{n \geqslant 3}$

• Pour tout entier $p \geqslant 3$, $f(\ln p) = e^{\ln p} - \ln(\ln p) = p - \ln(\ln p)$.

Comme $p \geqslant 3$, $\ln p \geqslant \ln 3$ car la fonction ln est strictement croissante sur $]0, +\infty[$. $\ln 3 > 1$ d'où

$$\ln p \geqslant 1$$

donc $\ln(\ln p) \geqslant \ln 1$ d'où $\ln(\ln p) \geqslant 0$.

On peut donc en déduire que $p - \ln(\ln p) \leqslant p$

donc $\boxed{f(\ln p) \leqslant p}$.

• Pour tout entier naturel $n \geqslant 3$ on a donc

$$f(\ln n) \leqslant n$$

$$f(\ln n) \leqslant f(x_n)$$

et, puisque f est une fonction strictement croissante sur $[3; +\infty[$, $\ln n \leqslant x_n$.

Comme $\lim_{n \to +\infty} \ln n = +\infty$ on obtient $\boxed{\lim_{n \to +\infty} x_n = +\infty}$.

CONCOURS FESIC

Durée de cette épreuve 2 h 30 sans calculatrice. Chaque question est pourvue de quatre réponses, plusieurs pouvant être vraies ou fausses. Pendant l'épreuve le candidat ne doit traiter que quinze questions sur les vingt.

Dans toute question où il intervient, le plan (respectivement l'espace) est rapporté à un repère orthonormé $(O, \vec{i}, \vec{j}) = (Oxy)$ *(respectivement pour l'espace* $(O, \vec{i}, \vec{j}, \vec{k}) = (Oxyz)$*).*

EXERCICE 1

Soit f la fonction définie par

$$f(x) = \frac{x+1}{x-1}$$

et $\mathscr{C}$ sa courbe représentative.

a. La fonction f est paire.

b. Pour tout réel x tel que $x \neq 0$ et $x \neq 1$ on a :

$$f\left(\frac{1}{x}\right) + f(x) = 0.$$

c. La courbe $\mathscr{C}$ admet le point I de coordonnées (1, 1) pour centre de symétrie.

d. Pour tout réel x tel que $x > 1$, on a :

$$f \circ f(x) = x.$$

EXERCICE 2

Soit $\mathscr{E}$ l'ensemble des fonctions f vérifiant les conditions suivantes :

(i) il existe trois réels (a, b, c) tels que $c \neq 0$ et, pour tout réel $x \neq -c$, on a :

$$f(x) = \frac{ax+b}{x+c} ;$$

(ii) la courbe représentative $\mathscr{C}_f$ de f passe par le point A de coordonnées $(0, -1)$;

(iii) $\mathscr{C}_f$ admet au point A une tangente de coefficient directeur -2.

a. La fonction g définie sur $\mathbb{R} - \{1\}$ par

$$g(x) = \frac{x+1}{x-1}$$

appartient à $\mathscr{E}$.

b. Si $f(x) = \dfrac{ax+b}{x+c}$ est une fonction appartenant à $\mathscr{E}$, on a les relations suivantes entre a, b et c :

$$\begin{cases} a-1 = 2b \\ c = -b. \end{cases}$$

c. L'ensemble $\mathscr{E}$ contient une infinité de fonctions.

d. Si f appartient à $\mathscr{E}$, sa courbe $\mathscr{C}_f$ n'admet pas de tangente parallèle à la droite d'équation $y = x$.

EXERCICE 3

Soit f la fonction définie par

$$f(x) = -\frac{x}{2} + \ln\left(\frac{x-1}{x}\right),$$

D son domaine de définition et $\mathscr{C}$ sa courbe représentative.

a. On a $D =]1, +\infty[$.

b. $\mathscr{C}$ admet une unique tangente horizontale.

c. La fonction f est croissante sur $]1, +\infty[$.

d. La droite Δ d'équation $y = -\dfrac{x}{2} + 1$ est asymptote à la courbe $\mathscr{C}$.

EXERCICE 4

Soit f la fonction définie par

$$f(x) = \frac{\ln(1+e^x)}{e^x},$$

D son domaine de définition et $\mathscr{C}$ sa courbe représentative.

a. On a $D = \left]\frac{1}{e}, +\infty\right[$.

b. On a pour tout x appartenant à D :

$$f(x) = \frac{x}{e^x} + e^{-x}\ln(1+e^{-x}).$$

c. On a $\lim\limits_{x \to +\infty} f(x) = 0$.

d. On a $\lim_{x \to -\infty} f(x) = 0$.

EXERCICE 5

Soit f la fonction définie par

$$f(x) = x(\ln x)^2 - 2x\ln x + 2x - 2$$

et $\mathscr{C}$ sa courbe représentative.

a. La fonction f est définie et dérivable sur l'intervalle $]0, +\infty[$ et, pour tout x de cet intervalle, on a :

$$f'(x) = (\ln x)^2.$$

b. La droite Δ d'équation $x = 0$ est asymptote à $\mathscr{C}$.

c. La fonction f admet un extremum en 1.

d. Pour tout $x > 0$, on a :

$$f(x) = \int_1^x (\ln t)^2 \mathrm{d}t.$$

EXERCICE 6

a. On a $(32)^{1,2} = 64$.

Soit f et g les fonctions définies sur $\mathbb{R}$ par

$$f(x) = 5^x \quad \text{et} \quad g(x) = (0,2)^x.$$

b. Pour tout x réel, on a $f'(x) = (\ln 5)f(x)$.

c. On a :

$$\int_0^1 f(x)\mathrm{d}x = \frac{4}{\ln 5}.$$

d. Pour tout x réel, on a $g(x) = f(-x)$.

EXERCICE 7

Soit f la fonction définie sur $\mathbb{R}$ par $f(x) = x^2 e^{-2x}$ et $\mathscr{C}$ sa courbe représentative.

a. Pour tout réel m, l'équation $f(x) = m$ admet au moins une solution.

b. La courbe $\mathscr{C}$ admet exactement deux tangentes parallèles à l'axe des abscisses.

c. L'équation $x^2 = e^{2x}$ admet trois solutions dans $\mathbb{R}$.

d. La fonction

$$F(x) = \left(x^2 + x + \frac{1}{2}\right) e^{-2x}$$

est une primitive de f sur $\mathbb{R}$.

EXERCICE 8

Soit f, g et h les fonctions définies sur l'intervalle $[0, 2\pi]$ respectivement par

$$f(x) = e^{-x}\sin x,\ g(x) = e^{-x},\ h(x) = -e^{-x}.$$

On note respectivement $\mathcal{C}_f$, $\mathcal{C}_g$ et $\mathcal{C}_h$ leurs courbes représentatives.

a. La fonction f est dérivable sur $[0, 2\pi]$ et, pour tout x de $[0, 2\pi]$, on a :

$$f'(x) = \sqrt{2}e^{-x}\cos\left(x - \frac{\pi}{4}\right).$$

b. La droite Δ d'équation $y = x$ est tangente à la courbe $\mathcal{C}_f$ de f au point d'abscisse 0.

c. La courbe $\mathcal{C}_f$ est située entre les courbes $\mathcal{C}_h$ et $\mathcal{C}_g$.

d. Les courbes $\mathcal{C}_f$ et $\mathcal{C}_g$ ont un unique point commun et en ce point elles admettent la même tangente, et il en est de même des courbes $\mathcal{C}_f$ et $\mathcal{C}_h$.

EXERCICE 9

Soit F la fonction définie sur $\mathbb{R}$ par

$$F(x) = \int_0^x e^{-t^2}dt.$$

a. La fonction F est dérivable sur $\mathbb{R}$ et, pour tout réel x, on a $F'(x) = e^{-x^2} - 1$.

b. La fonction F est positive sur $\mathbb{R}$.

c. Pour tout réel $x \geqslant 1$ on a :

$$F(x) - F(1) \leqslant \int_1^x e^{-t}dt.$$

d. Pour tout réel x on a $F(x) = F(-x)$.

EXERCICE 10

Soit f la fonction définie par

$$f(x) = \frac{e^x}{e^x - x}$$

et pour n entier naturel, soit

$$I_n = \int_0^n f(x)dx.$$

a. La fonction f est définie sur $\mathbb{R}$.
b. La suite (I_n) est croissante.
c. Pour tout entier naturel n non nul on a :

$$I_n - \int_0^n \frac{x}{e^x - x}\, dx = n + 1 .$$

d. La suite (I_n) tend vers $+\infty$.

EXERCICE 11

Soit n un entier naturel non nul et I_n défini par

$$I_n = \int_{\ln n}^{\ln(n+1)} \frac{e^t}{e^t + 1}\, dt .$$

a. Pour tout $n \geqslant 1$ on a $I_n \geqslant 0$.
b. Pour tout $n \geqslant 1$ on a :

$$I_n = \ln\left(\frac{n+1}{n}\right).$$

c. La suite $(I_n)_{n \geqslant 1}$ est décroissante.

d. Pour tout $n \geqslant 1$ on a :

$$I_1 + I_2 + \ldots + I_n = \ln(n+2) .$$

EXERCICE 12

Soit (u_n) une suite arithmétique vérifiant $u_4 = 0$ et $u_6 = -1$.

a. On a $u_5 = -\frac{1}{2}$.

b. Pour tout entier naturel n on a $u_n = \frac{4-n}{2}$.

c. Pour tout entier $n \geqslant 9$ on a :

$$u_0 + u_1 + \ldots + u_{n-1} \leqslant 0 .$$

d. La suite (v_n) définie pour n entier naturel non nul par

$$v_n = \frac{1}{n}\, e^{u_n}$$

est convergente.

EXERCICE 13

On considère la fonction définie par $f(x) = x\ln x$ pour $x > 0$ et la suite (u_n) définie par son premier terme $u_0 > e$ donné et la relation de récurrence $u_{n+1} = f(u_n)$ pour tout entier naturel n.

a. Pour tout x de l'intervalle $[e, +\infty[$ on a $f'(x) \geqslant 2$.
b. Pour tout entier naturel n on a $u_n > e$.
c. La suite (u_n) est croissante.
d. Pour tout entier naturel n on a :

$$|u_{n+1} - e| \geqslant 2|u_n - e|.$$

EXERCICE 14

Soit n un entier naturel non nul et f_n la fonction définie sur $\mathbb{R}$ par

$$f_n(x) = x^5 + nx - 1.$$

a. La suite $(f_n(1))_{n \geqslant 1}$ est une suite géométrique.
b. Pour tout entier $n \geqslant 1$, la fonction f_n est une bijection de $\mathbb{R}$ sur $\mathbb{R}$.
c. Pour tout entier $n \geqslant 1$, l'équation $f_n(x) = 0$ admet une unique solution.
On note α_n l'unique solution positive de l'équation $f_n(x) = 0$.
d. Pour tout entier $n \geqslant 1$ on a $0 < \alpha_n < \frac{1}{n}$.

EXERCICE 15

a. Soit j le nombre complexe $j = -\frac{1}{2} + i\frac{\sqrt{3}}{2}$. On a :

$$j^{1996} + j^{1997} + j^{1998} = 1.$$

b. Si un argument du nombre complexe non nul z est α, alors un argument de $-\frac{4}{z}$ est $-\alpha$.

c. Soit z un nombre complexe non nul. Si $\frac{z}{\bar{z}}$ est un réel positif, alors z est réel.
d. Soit z un nombre complexe. Si $|z| = 1$, alors il existe un entier naturel non nul n tel que $z^n = 1$.

EXERCICE 16

Soit les nombres complexes suivants :

$$z_1 = \frac{\sqrt{6} - i\sqrt{2}}{2},\ z_2 = 1 - i \quad \text{et} \quad Z = \frac{z_1}{z_2}.$$

On note A le point du plan d'affixe z_1 et B le point d'affixe z_2.

a. Un argument de z_1 est $-\frac{\pi}{3}$.

b. Il existe une rotation R de centre O transformant A en B.

c. On a $Z = e^{i\pi/12}$.

d. L'ensemble $\mathscr{E}$ des points M d'affixe z tel que

$$z_2 z + \bar{z}_2 \bar{z} + 1 = 0$$

est la droite d'équation $x + y = -\frac{1}{2}$.

EXERCICE 17

Soit (z_n) la suite complexe définie par son premier terme $z_0 = 8$ et la relation de récurrence, pour tout entier naturel n,

$$z_{n+1} = \left(\frac{1 + i\sqrt{3}}{4}\right) z_n .$$

On note (M_n) la suite de points du plan complexe d'affixes z_n respectivement.

a. Le nombre z_3 est un réel positif.

b. Pour tout entier naturel n on a :

$$\frac{z_{n+1} - z_n}{z_{n+1}} = i\sqrt{3} .$$

c. Pour tout entier naturel n, le triangle (OM_nM_{n+1}) est rectangle en M_n.

d. Pour tout entier naturel n on a $M_nM_{n+1} = \sqrt{3}OM_{n+1}$.

EXERCICE 18

Soit (ABC) un triangle rectangle en A tel que $AB = a > 0$ et $AC = 2a$. On note G le barycentre du système de points (A, 1), (B, – 1), (C, 1) et on note H le projeté orthogonal de A sur la droite (BC).

a. On a $AH = \frac{a\sqrt{5}}{5}$.

b. Le quadrilatère (GCBA) est un parallélogramme.

c. On a $\overrightarrow{BA} \wedge \overrightarrow{BC} = 2a^2$.

d. L'ensemble des points M du plan vérifiant $MB^2 - MC^2 = a^2$ est une droite perpendiculaire à (BC).

EXERCICE 19

Dans l'espace, on considère les points de coordonnées A(2, 0, 0), B(0, 4, 0) et C(0, 0, 3) et, pour tout réel α, le système de points pondérés

$$S(\alpha) : \left\{\left(A, \frac{4-\alpha}{6}\right) ; \left(B, \frac{1-\alpha}{3}\right) ; \left(C, \frac{\alpha}{2}\right)\right\}.$$

a. Une équation du plan (ABC) est

$$x + \frac{1}{2}y + \frac{2}{3}z - 2 = 0.$$

b. Le centre de gravité du triangle (ABC) est barycentre d'un système $S(\alpha)$.

c. Pour tout réel α, le système $S(\alpha)$ admet un barycentre.

d. L'ensemble des barycentres des systèmes $S(\alpha)$, lorsque α décrit $\mathbb{R}$, est une droite de vecteur directeur $\vec{u} = -2\vec{i} - 8\vec{j} + 9\vec{k}$.

EXERCICE 20

L'ensemble $E = \{a, b, c, d, e\}$ est un univers sur lequel on définit une probabilité p.

a. Si $p(\{a, b, c\}) = \frac{3}{5}$ et $p(\{a, d, e\}) = \frac{9}{20}$, alors $p(\{a, e\}) \geqslant \frac{1}{20}$.

On suppose pour les questions **b.** et **c.** que A et B sont deux événements de E tels que

$$p(A) = \frac{2}{3}, p(B) = \frac{3}{5} \text{ et } p(A \cap \bar{B}) = \frac{4}{15}.$$

où $\bar{B}$ désigne l'événement contraire de B.

b. On a $p(A \cup B) = \frac{13}{15}$.

c. Les événements A et B sont indépendants.

Une urne contient 5 boules indiscernables au toucher, portant les lettres a, b, c, d, e respectivement. On effectue 5 tirages successifs d'une boule avec remise. On suppose que toutes les boules ont la même probabilité d'être tirées.

d. La probabilité de tirer exactement 2 fois une voyelle est $q = \frac{2^2 \times 3^3}{5^5}$.

CORRIGÉ

1. a. Faux car la solution f est définie sur $\mathbb{R} - \{1\}$.
b. Vrai car pour tout x différent de 0 et de 1 on a

$$f\left(\frac{1}{x}\right) + f(x) = \frac{1+x}{1-x} + \frac{x+1}{x-1} = 0.$$

c. Vrai car si on pose : $\begin{cases} x = X+1 \\ y = Y+1 \end{cases}$ on a :

$$M(X, Y) \in \mathscr{C} \Leftrightarrow Y + 1 = \frac{X+2}{X} \Leftrightarrow Y = \frac{2}{X}$$

et la fonction définie sur $\mathbb{R}^*$ par $X \mapsto \frac{2}{X}$ est une fonction impaire, donc $\mathscr{C}$ admet I comme centre de symétrie.

d. Vrai car pour tout $x > 1$, $f \circ f(x) = f\left(\frac{x+1}{x-1}\right) = \frac{2x}{2} = x$.

2. a. Vrai car la fonction g appartient à $\mathscr{E}$ et $a = 1, b = 1, c = -1$, $g(0) = -1$ et $g'(0) = -2$.
b. Faux car la fonction g est un contre-exemple, elle ne vérifie pas $a - 1 = 2b$.

c. Vrai. Pour tout $x \neq -c$, on a $f'(x) = \dfrac{ac-b}{(x+c)^2}$. f appartient à $\mathscr{E}$ si et seulement si $\begin{cases} a+1 = -2c \\ b = -c. \end{cases}$

Pour chaque valeur de c on a une valeur pour a et pour b. Il y a donc une infinité de fonctions f dans $\mathscr{E}$.
d. Vrai car la fonction dérivée de f a le signe de $ac - b$ sur l'ensemble de définition de f. Elle est donc monotone, donc strictement décroissante sur $]-\infty ; -c[$ et sur $[-c ; +\infty[$ car $f'(0) = -2$. C_f ne peut donc pas admettre de tangente parallèle à la droite d'équation $y = x$, la dérivée devant prendre au moins une fois la valeur 1.

3. a. Faux car $D =]-\infty ; 0[\cup]1, +\infty[$.

b. Faux car pour tout x de D, $f'(x) = -\dfrac{(x+1)(x-2)}{2(x-1)x}$. C admet donc deux tangentes horizontales aux points d'abscisses -1 et 2.
c. Faux car le signe de la dérivée nous indique que f est décroissante sur $[2 ; +\infty[$.

d. Faux car $\lim\limits_{x \to +\infty} \left[f(x) - \left(-\dfrac{x}{2} + 1\right)\right] = \lim\limits_{x \to +\infty} \left[\ln\left(\dfrac{x-1}{x}\right) - 1\right] = -1$.

Donc la droite Δ n'est pas asymptote à $\mathscr{C}$.

4. a. Faux car $D = \mathbb{R}$.

b. Vrai car pour tout x de $\mathbb{R}$ on a

$$f(x) = \frac{\ln[e^x(1+e^{-x})]}{e^x} = \frac{x + \ln(1+e^{-x})}{e^x} = \frac{x}{e^x} + e^{-x}\ln(1+e^{-x}).$$

c. Vrai car $\lim\limits_{x \to +\infty} f(x) = 0 \left(\lim\limits_{x \to +\infty} \dfrac{x}{e^x} = 0 \text{ et } \lim\limits_{x \to +\infty} e^{-x} = 0\right)$.

d. Vrai car $\lim\limits_{x \to -\infty} f(x) = \lim\limits_{X \to 0} \dfrac{\ln(1+X)}{X} = 1$ en posant $X = e^{-x}$.

5. a. Vrai car la fonction f est dérivable sur $\mathbb{R}_+^*$ (somme et produit de fonctions dérivables sur $\mathbb{R}_+^*$), pour tout x de $\mathbb{R}_+^*$ on a

$$f'(x) = \ln^2 x + 2\ln x - 2\ln x - 2 + 2 = \ln^2 x.$$

b. Faux car $\lim\limits_{x \to 0} f(x) = -2 \ (\lim\limits_{x \to 0} x\ln x = \lim\limits_{x \to 0} (x^{0,5}\ln x)^2 = 0)$. Donc Δ n'est pas asymptote à $\mathscr{C}$.

c. Faux car la fonction f' s'annule pour $x = 1$ mais sans changer de signe. Donc f n'admet pas d'extremum en 1.

d. Vrai car f' est continue sur $\mathbb{R}_+^*$ et donc admet des primitives sur $\mathbb{R}_+^*$. f est la primitive de f' nulle pour $x = 1$. On a donc pour tout $x > 0$: $f(x) = \int_1^x (\ln t)^2 \mathrm{d}t$.

6. a. Vrai car $(32)^{1,2} = (2^5)^{1,2} = 2^{5 \times 1,2} = 2^6 = 64$.

b. Vrai car pour tout réel x, on a $f(x) = 5^x = e^{x\ln 5}$. Donc

$$f'(x) = (\ln 5)e^{x\ln 5} = (\ln 5)f(x).$$

c. Vrai car $\int_0^1 f(x)\mathrm{d}x = \left[\dfrac{1}{\ln 5}5^x\right]_0^1 = \dfrac{5}{\ln 5} - \dfrac{1}{\ln 5} = \dfrac{4}{\ln 5}$.

d. Vrai car pour tout réel x, on a

$$f(-x) = 5^{-x} = (5^{-1})^x = (0,2)^x = g(x).$$

7. a. Faux car pour tout réel x, on a $f(x) \geqslant 0$. Donc pour $m < 0$ l'équation $f(x) = m$ n'a pas de solution.

b. Vrai car pour tout réel x, on a $f'(x) = (2x - 2x^2)e^{-2x}$. La courbe $\mathscr{C}$ admet deux tangentes parallèles à l'axe des abscisses aux points $A(1, e^{-2})$ et $O(0, 0)$.

c. Faux car pour tout réel x, on a $x^2 = e^{2x} \Leftrightarrow x^2e^{-2x} = 1$. Dressons le tableau de variation de f :

x	$-\infty$		0		1		$+\infty$
$f'(x)$		$-$	0	$+$	0	$-$	
$f(x)$	$+\infty$	$\searrow$	0	$\nearrow$	e^{-2}	$\searrow$	0

Comme $e^{-2} < 1$, l'équation $x^2 = e^{2x}$ n'a qu'une solution dans $\mathbb{R}$ strictement négative (théorème de la bijection).

d. Faux car pour tout réel x, on a

$$F'(x) = (2x+1)e^{-2x} - 2\left(x^2 + x + \frac{1}{2}\right)e^{-2x} = -2x^2e^{-2x}.$$

Donc F n'est pas une primitive de f sur $\mathbb{R}$.

8. a. Faux. f est dérivable sur $[0, 2\pi]$ et pour tout réel x de $[0, 2\pi]$ on a

$$f'(x) = e^{-x}(\cos x - \sin x) = \sqrt{2}e^{-x}\left(\cos x \cos\frac{\pi}{4} - \sin x \sin\frac{\pi}{4}\right)$$

$$= \sqrt{2}e^{-x}\cos\left(x + \frac{\pi}{4}\right).$$

b. Vrai car $f(0) = 0$ et $f'(0) = 1$. Donc Δ est tangente à C_f au point O.

c. Vrai car pour tout réel x de $[0, 2\pi]$, on a $-1 \leqslant \sin x \leqslant 1$ et $e^{-x} > 0$. Donc $h(x) \leqslant f(x) \leqslant g(x)$. La courbe C_f est située entre les courbes C_h et C_g.

d. Vrai car

• pour tout réel x de $[0, 2\pi]$, on a $f(x) = g(x) \Leftrightarrow x = \frac{\pi}{2}$ et $f'\left(\frac{\pi}{2}\right) = g'\left(\frac{\pi}{2}\right) = -e^{-\frac{\pi}{2}}$. C_f et C_g ont la même tangente en leur point commun.

• et pour tout réel x de $[0, 2\pi]$, on a $f(x) = h(x) \Leftrightarrow x = \frac{3\pi}{2}$ et $f'\left(\frac{3\pi}{2}\right) = h'\left(\frac{3\pi}{2}\right) = e^{-\frac{3\pi}{2}}$. C_f et C_h ont la même tangente en leur point commun.

9. a. Faux car la fonction F est dérivable sur $\mathbb{R}$ (car $t \mapsto e^{-t^2}$ est continue sur $\mathbb{R}$) et pour tout réel x, $F'(x) = e^{-x^2}$.

b. Faux car pour tout réel t, $e^{-t^2} > 0$. Donc F est strictement croissante sur $\mathbb{R}$. $F(0) = 0$. Donc si $x > 0, F(x) > 0$ mais si $x < 0$ alors $F(x) < 0$.

c. Vrai car pour tout réel $t \geqslant 1$ alors $t^2 \geqslant t$, soit $e^{-t^2} \leqslant e^{-t}$. Donc pour tout $x \geqslant 1$:

$$\int_1^x e^{-t^2}\mathrm{d}t \leqslant \int_1^x e^{-t}\mathrm{d}t$$

$$\mathrm{F}(x) - \mathrm{F}(1) \leqslant \int_1^x e^{-t}\mathrm{d}t.$$

d. Faux car la fonction $t \mapsto e^{-t^2}$ est paire. Donc pour tout réel x,

$$\int_{-x}^0 e^{-t^2}\mathrm{d}t = \int_0^x e^{-t^2}\mathrm{d}t = -\int_0^{-x} e^{-t^2}\mathrm{d}t, \text{ soit } \mathrm{F}(x) = -\mathrm{F}(-x).$$

10. a. Vrai car pour tout réel x on a $g(x) = e^x - x$ et l'on a $g'(x) = e^x - 1$. Donc la fonction g admet un minimum en 0 qui est 1. Le dénominateur étant non nul, la fonction f est définie sur $\mathbb{R}$.

b. Vrai car pour tout entier naturel n on a

$\mathrm{I}_{n+1} - \mathrm{I}_n = \int_n^{n+1} f(x)\mathrm{d}x > 0$ car f est une fonction positive sur $[n, n+1]$. La suite (I_n) est croissante.

c. Faux car pour tout entier naturel n non nul, on a

$$\mathrm{I}_n - \int_0^n \frac{x}{e^x - x}\,\mathrm{d}x = \int_0^n 1\mathrm{d}x = [x]_0^n = n.$$

d. Vrai car pour tout entier naturel n non nul, on a $\int_0^n \frac{x}{e^x - x}\,\mathrm{d}x > 0$ et

$\lim\limits_{n \to +\infty} n = +\infty$. Donc $\lim\limits_{n \to +\infty} \mathrm{I}_n = +\infty$.

11. a. Vrai car pour tout réel t on a $f(t) = \frac{e^t}{e^t + 1} > 0$ et $\ln n < \ln(n+1)$.

Donc pour tout $n \geqslant 1$ on a : $\mathrm{I}_n \geqslant 0$.

b. Faux car pour tout entier naturel n non nul, on a

$$\mathrm{I}_n = [\ln(e^t + 1)]_{\ln n}^{\ln(n+1)} = \ln(n+2) - \ln(n+1) = \ln\frac{n+2}{n+1}.$$

c. Vrai car pour tout entier naturel n non nul, on a

$$\mathrm{I}_{n+1} - \mathrm{I}_n = \ln\frac{n+3}{n+2} - \ln\frac{n+2}{n+1} = \ln\frac{n^2+2n+3}{n^2+2n+4} < 0$$

$\left(\text{pour tout entier naturel } n \text{ non nul, on a } \frac{n^2+2n+3}{n^2+2n+4} < 1\right)$. Donc $(\mathrm{I}_n)_{n \geqslant 1}$ est décroissante.

d. Faux car pour tout entier naturel n non nul, on a

$$\mathrm{I}_1 + \mathrm{I}_2 + \ldots + \mathrm{I}_n = \int_0^{\ln(n+1)} \frac{e^t}{e^t+1}\,\mathrm{d}t = [\ln(e^t+1)]_0^{\ln(n+1)} = \ln\frac{n+2}{2}.$$

12. a. Vrai car $u_5 = \dfrac{u_4+u_6}{2} = -\dfrac{1}{2}$.

b. Vrai car c'est une suite arithmétique de raison $r = -\dfrac{1}{2}$ et de premier terme $u_0 = u_4 - 4r = 2$. Soit : $u_n = \dfrac{4-n}{2}$.

c. Vrai car pour tout entier naturel n supérieur ou égal à 9, on a

$$u_0 + u_1 + \ldots + u_{n-1} = n\left(\frac{u_0+u_{n-1}}{2}\right) = \frac{n}{2}\left(2+\frac{5-n}{2}\right) = \frac{n(9-n)}{4} \leqslant 0.$$

d. Vrai car pour tout entier naturel n, $v_n = \dfrac{1}{n}e^{\left(2-\frac{n}{2}\right)}$. Donc $\lim\limits_{n\to+\infty} v_n = 0$.

13. a. Vrai car pour tout réel x supérieur ou égal à e on a $f'(x) = 1 + \ln x \geqslant 2$.

b. Vrai car $u_0 > e$, et, si l'on suppose que pour un entier n on a $u_n > e$, comme f est une fonction croissante sur $[e, +\infty[$, $f(u_n) > f(e)$; soit $u_{n+1} > e$. Par récurrence on a montré que pour tout entier n, $u_n > e$.

c. Vrai car pour tout entier naturel n, $u_n > e$. Donc on a $\ln u_n > 1$ et $u_{n+1} = u_n \ln u_n > u_n$. La suite (u_n) est croissante.

d. Vrai car la fonction f est dérivable, de dérivée minorée par 2 sur $[e, u_n]$. Donc en appliquant l'inégalité des accroissements finis on a :

$$f(u_n) - f(e) \geqslant 2(u_n - e) \quad \text{soit} \quad u_{n+1} - e \geqslant 2(u_n - e)$$

et donc, les deux membres étant positifs, on a pour tout entier naturel n,

$$|u_{n+1} - e| \geqslant 2|u_n - e|.$$

14. a. Faux car pour tout entier naturel n non nul, on a $f_n(1) = n$. Donc $(f_n(1))$ est une suite arithmétique de raison 1.

b. Vrai car pour tout entier naturel n non nul, et pour tout réel x, on a $f'_n(x) = 5x^4 + n > 0$ si $n \geqslant 1$, $\lim\limits_{x\to+\infty} f_n(x) = +\infty$ et $\lim\limits_{x\to-\infty} f_n(x) = -\infty$. Donc f_n est dérivable, strictement croissante sur $\mathbb{R}$ et l'on a $f(\mathbb{R}) = \mathbb{R}$. Donc f est une bijection de $\mathbb{R}$ sur $\mathbb{R}$.

c. Vrai car pour tout entier naturel n non nul, f_n est une bijection de $\mathbb{R}$ sur $\mathbb{R}$. Donc l'équation $f_n(x) = 0$ admet une unique solution α_n dans $\mathbb{R}$.

d. Vrai car pour tout entier naturel n non nul, on a $f_n(0) = -1$ et

$f_n\left(\frac{1}{n}\right) = \frac{1}{n^5} > 0$. Donc $0 < \alpha_n < \frac{1}{n}$.

15. a. Faux car

$$\begin{aligned} j^{1996} + j^{1997} + j^{1998} &= j^{1996}(1 + j + j^2) \\ &= j^{1996}\left(1 - \frac{1}{2} + i\,\frac{\sqrt{3}}{2} - \frac{1}{2} - i\,\frac{\sqrt{3}}{2}\right) = 0. \end{aligned}$$

b. Faux car pour tout nombre complexe z non nul on a

$$\begin{aligned} \arg\left(-\frac{4}{z}\right) &= \arg(-4) - \arg(z) + 2k\pi = \pi - \arg(z) + 2k\pi \\ &= \pi - \alpha + 2k\pi \ (k \in \mathbb{Z}). \end{aligned}$$

c. Vrai car pour tout nombre complexe z non nul on a

$$\arg\left(\frac{z}{\bar{z}}\right) = \arg(z) - \arg(\bar{z}) + 2k\pi = 2\arg(z) + 2k\pi \ (k \in \mathbb{Z}).$$

Si $\frac{z}{\bar{z}}$ est un réel positif alors $2\arg(z) = 2k\pi$, soit $\arg(z) = k\pi$, le nombre z est réel.

d. Faux car e^i est un complexe de module 1, et on ne peut trouver un entier n tel que $(e^i)^n = 1$. Un argument de e^i est 1, un argument de e^{in} est n qui pour tout entier n n'est jamais un multiple de 2π.

16. a. Faux car si θ est un argument de z_1 on a : $\begin{cases} \cos\theta = \dfrac{\sqrt{3}}{2} \\ \sin\theta = -\dfrac{1}{2}. \end{cases}$

Soit $\theta = -\frac{\pi}{6} + 2k\pi$.

b. Vrai car $|z_1| = \sqrt{2} = |z_2|$ soit, $OA = OB$. Donc il existe une rotation de centre O transformant A en B.

c. Vrai car $\arg(z_2) = -\frac{\pi}{4} + 2k'\pi \ (k' \in \mathbb{Z})$. Donc un argument de Z est

$-\frac{\pi}{6} + \frac{\pi}{4} = \frac{\pi}{12}$. Comme $|Z| = 1$ on a : $Z = e^{i\frac{\pi}{12}}$.

d. Vrai car pour tout nombre complexe $z = x + iy$ on a

$$(1-i)(x+iy)+(1+i)(x-iy)+1 = 0 \Leftrightarrow 2x+2y+1 = 0$$
$$\Leftrightarrow x+y = -\frac{1}{2}.$$

17. a. Faux car $z_3 = \left(\frac{1+i\sqrt{3}}{4}\right)^3 8 = -1$.

b. Vrai car pour tout entier naturel n, z_n est non nul et l'on a

$$\frac{z_{n+1}-z_n}{z_{n+1}} = 1-\frac{4}{1+i\sqrt{3}} = 1-(1-i\sqrt{3}) = i\sqrt{3}.$$

c. Vrai car pour tout entier naturel n,

$$(\overrightarrow{OM_{n+1}}, \overrightarrow{M_nM_{n+1}}) = \arg\left(\frac{z_{n+1}-z_n}{z_{n+1}}\right)+2k\pi = \frac{\pi}{2}+2k\pi \ (k \in \mathbb{Z}).$$

Donc le triangle OM_nM_{n+1} est rectangle en M_{n+1}.

d. Vrai car pour tout entier naturel n,

$$\left|\frac{z_{n+1}-z_n}{z_{n+1}}\right| = \frac{M_nM_{n+1}}{OM_{n+1}} = |i\sqrt{3}| = \sqrt{3}. \text{ Donc } M_nM_{n+1} = \sqrt{3}OM_{n+1}.$$

18. a. Faux car le triangle ABC est rectangle en A et donc

$$\text{aire (ABC)} = \frac{1}{2}\text{AB}\times\text{AC} = \frac{1}{2}\text{AH}\times\text{CB}.$$

$BC^2 = AB^2+AC^2 = 5a^2$ soit $BC = a\sqrt{5}$. On en déduit que

$$\text{AH} = \frac{\text{AB}\times\text{AC}}{\text{CB}} = 2a\frac{\sqrt{5}}{5}.$$

b. Vrai car si I est le milieu de [AC], G est le barycentre de $\{(I, 2), (B, -1)\}$. Donc I est le milieu de [BG]. Les diagonales du quadrilatère (GCBA) se coupant en leurs milieux, c'est un parallélogramme.

c. Faux $\overrightarrow{BA} \wedge \overrightarrow{BC}$ est un vecteur et ne peut donc être égal au réel $2a^2$.

d. Vrai car $MB^2 - MC^2 = a^2 \Leftrightarrow (\overrightarrow{MI}+\overrightarrow{IB})^2 - (\overrightarrow{MI}+\overrightarrow{IC})^2 = a^2$

$$\Leftrightarrow 2\overrightarrow{MI}\cdot\overrightarrow{CB}+2a^2-a^2 = a^2 \Leftrightarrow \overrightarrow{MI}\cdot\overrightarrow{CB} = 0.$$

Donc l'ensemble des points M est la droite perpendiculaire à (BC) passant par I.

19. a. Vrai car $\overrightarrow{AB}(-2, 4, 0)$, $\overrightarrow{AC}(-2, 0, 3)$, $\overrightarrow{AB}\wedge\overrightarrow{AC}(12, 6, 8)$.

On en déduit $(\overrightarrow{AB}\wedge\overrightarrow{AC})\cdot\overrightarrow{AM} = 12(x-2)+6y+8z$.

Une équation du plan ABC est donc : $x+\frac{1}{2}y+\frac{2}{3}z-2 = 0$.

b. Faux car pour que le centre de gravité du triangle ABC soit le barycentre du système S(α) il faut et il suffit que : $\begin{cases} \dfrac{4-\alpha}{6} = \dfrac{1-\alpha}{3} \\ \dfrac{1-\alpha}{3} = \dfrac{\alpha}{2} \end{cases}$, système qui n'a pas de solution.

c. Vrai car pour que S(α) admette un barycentre il faut et il suffit que la somme des coefficients soit non nulle. Pour tout réel α :

$$\frac{4-\alpha}{6} + \frac{1-\alpha}{3} + \frac{\alpha}{2} = 1.$$

Le système admet toujours un barycentre.

d. Vrai car, pour tout réel α, les coordonnées du barycentre du système S(α) sont $\left(\frac{4}{3} - \frac{\alpha}{3} ; \frac{4}{3} - \frac{4\alpha}{3} ; \frac{3\alpha}{2}\right)$. L'ensemble des barycentres, lorsque α décrit ℝ, est la droite passant par le point de coordonnées $\left(\frac{4}{3} ; \frac{4}{3} ; 0\right)$ et de vecteur directeur $\left(-\frac{1}{3} ; -\frac{4}{3} ; \frac{3}{2}\right)$, donc de vecteur directeur (– 2 ; – 8 ; 9).

20. a. Vrai. Comme $p(\text{E}) = 1$ et $p(\{a, b, c\}) = \frac{3}{5}$, on en déduit que $p(\{d, e\}) = \frac{2}{5}$. Sachant que $p(\{a, d, e\}) = \frac{9}{20}$, on a : $p(\{a\}) = \frac{1}{20}$. Donc $p(\{a, e\}) \geqslant \frac{1}{20}$.

b. Vrai. $p(\text{A} \cap \text{B}) = p(\text{A}) - p(\text{A} \cap \overline{\text{B}}) = \frac{2}{3} - \frac{4}{15} = \frac{2}{5}$. On a donc :

$$p(\text{A} \cup \text{B}) = p(\text{A}) + p(\text{B}) - p(\text{A} \cap \text{B}) = \frac{13}{15}.$$

c. Vrai. $p(\text{A}) \times p(\text{B}) = \frac{2}{3} \times \frac{3}{5} = \frac{2}{5} = p(\text{A} \cap \text{B})$. Les événements A et B sont indépendants.

d. Vrai. C'est une loi binômiale avec une probabilité de $\frac{2}{5}$ de tirer une voyelle. Donc la probabilité cherchée est : $C_5^2 \left(\frac{2}{5}\right)^2 \times \left(\frac{3}{5}\right)^3 = 10 \times \frac{2^2 \times 3^3}{5^5}$.

CONCOURS GEIPI

Durée de cette épreuve : 3 heures

Les réponses seront données directement sur les feuilles de sujets, dans les cases prévues à cet effet. ***Les notations de l'énoncé devront impérativement être respectées.***

Les démonstrations ne sont pas demandées. Chaque fois que cela est possible, on donnera le ***résultat exact*** *du calcul et non pas un* ***résultat approché****.*

Les exercices proposés sont indépendants. Un barème de notation approximatif est donné pour chacun d'eux, l'ensemble de l'épreuve étant noté sur 60 points.

L'usage des calculatrices électroniques, à alimentation autonome, non imprimantes, est autorisé. Leurs annexes éventuelles (notice d'emploi, cartes magnétiques, modules enfichables, etc.) sont interdites.

EXERCICE 1 (6 points)

1. On considère l'équation différentielle

$$y'' + y = 0 \qquad (1)$$

a. Quelle est son équation caractéristique ?

b. Déterminer toutes les solutions de l'équation (1).

2. On considère l'équation différentielle

$$y'' + y = e^{x} + e^{-x} \qquad (2)$$

On note f une solution quelconque de l'équation (2) et g la fonction définie sur $\mathbb{R}$ par :

$$g(x) = f(x) - m(e^{x} + e^{-x}) \qquad (3)$$

où m est un réel donné.

a. Exprimer $g''(x)$ en fonction de $f''(x)$ et m.

b. Déterminer la valeur du réel m pour que la fonction g soit solution de l'équation différentielle (1).

c. Exprimer, à l'aide des fonctions trigonométriques et exponentielles, toutes les solutions f de l'équation (2) qui sont définies par la relation (3).

d. Parmi les fonctions f définies en **2.c.**, on note h celle qui vérifie $h(0) = 0$ et $h'(0) = 1$. Déterminer h.

EXERCICE 2 (10 points)

On considère la fonction polynôme A définie sur $\mathbb{R}$ par $A(x) = \frac{1}{6}(px^3 - 3x^2 + x)$, où p est un nombre réel donné.

On appelle B la fonction polynôme définie par $B(x) = A(x+1) - A(x)$.

1. Après simplification, le polynôme B peut s'écrire sous la forme $B(x) = ax^2 + bx + c$.

a. Déterminer les coefficients a, b et c en fonction de p.

b. Pour quelle valeur de p a-t-on, pour tout x réel, $B(x) = x^2$?

2. Dans toute la suite de l'exercice on suppose que, pour tout x réel, $B(x) = x^2$.
On considère, pour tout entier naturel n non nul, la somme $1^2 + 2^2 + \ldots + n^2$, notée S_n.

Autrement dit: $S_n = \sum_{k=1}^{n} k^2 = \sum_{k=1}^{n} B(k)$.

a. Exprimer S_n en fonction de $A(n+1)$ et $A(1)$.

b. En déduire que $S_n = \frac{n(n+s)(tn+u)}{6}$, où s, t et u sont trois entiers que l'on précisera.

3. Soient q et n deux entiers naturels tels que $1 \leqslant q \leqslant n$. On pose $I_q = \int_1^n |x - q| \mathrm{d}x$.

a. Calculer I_1, I_n, I_2 et I_{n-1} en fonction de n.

b. Calculer I_q en fonction de q et n puis déterminer le réel d tel que $I_q = d[B(q-1) + B(n-q)]$.

4. On considère l'intégrale

$$T = \int_1^n (|x-1| + |x-2| + \ldots + |x-n|)\mathrm{d}x.$$

a. En utilisant la question précédente, établir que $T = \sum_{q=i}^{\ell} B(q)$, où i et ℓ sont deux entiers, ℓ étant fonction de n.

b. En déduire que $T = \frac{n}{6}(\alpha n^2 + \beta n + \gamma)$, où α, β et γ sont trois réels que l'on précisera.

EXERCICE 3 (14 points)

N.B. On rappelle que l'on demande les résultats exacts. En particulier une fraction sera donnée sous forme irréductible.

A. Soient a, b et c trois nombres réels, le nombre b vérifiant $|b| < 1$.

On considère la suite (u_n) définie par $u_1 = a$ et, pour $n \in \mathbb{N}^*$, $u_{n+1} = bu_n + c$.

Soit (v_n) la suite définie, pour tout entier naturel n non nul, par $v_n = u_n + \frac{c}{b-1}$.

1. Vérifier que (v_n) est unc suite géométrique. Donner, en fonction de a, b et c, la raison r et le premier terme v_1 de cette suite.

2. Déterminer $\lim\limits_{n \to +\infty} v_n$. Justifier votre résultat.

3. En déduire $\lim\limits_{n \to +\infty} u_n$.

B. On dispose de deux urnes U et W. L'urne U contient six boules blanches et quatre boules noires, l'urne W contient dix boules blanches et cinq boules noires.

On choisit au hasard (équiprobabilité) l'une des deux urnes et, de cette urne, on extrait au hasard (équiprobabilité) une boule que l'on remet dans la même urne.

Si la boule tirée était blanche, on recommence un tirage dans la même urne, sinon on effectue un tirage dans l'autre urne.

On note E_n l'événement: «le n-ième tirage se fait dans l'urne U»; $\bar{E}_n$ désigne l'événement contraire.

On note p_n la probabilité de E_n, c'est-à-dire $p_n = p(E_n)$.

1. Calculer p_1.

2. a. Calculer la probabilité de l'événement « E_2 sachant E_1 », c'est-à-dire $p(E_2/E_1)$.

b. Calculer $p(E_2/\bar{E}_1)$.

c. En déduire $p(E_2 \cap E_1)$ et $p(E_2 \cap \bar{E}_1)$, puis p_2.

3. a. Calculer $p(E_{n+1}/E_n)$ et $p(E_{n+1}/\bar{E}_n)$.

b. En déduire $p(E_{n+1} \cap E_n)$ et $p(E_{n+1} \cap \bar{E}_n)$ en fonction de p_n.

4. Déterminer les réels b et c tels que, pour tout entier naturel n non nul, $p_{n+1} = bp_n + c$.

5. En utilisant les résultats de la partie **A**, déterminer $\lim\limits_{n \to +\infty} p_n$.

EXERCICE 4 (16 points)

Le plan complexe $\mathscr{P}$ étant rapporté à un repère orthonormal $(O ; \vec{u}, \vec{v})$, on appelle

A le point d'affixe -2,

B le point d'affixe 1.

Soit f l'application de $\mathbb{C} - \{-2\}$ dans $\mathbb{C}$ définie par $f(z) = \dfrac{z}{z+2}$.

On note T l'application de $\mathscr{P} - \{A\}$ dans $\mathscr{P}$ qui, au point M d'affixe z, associe le point M′ d'affixe $z' = f(z)$.

1. Calculer la racine z_0 de l'équation $f(z) = e^{2i\frac{\pi}{3}}$.

(On donnera z_0 sous forme algébrique, puis sous forme exponentielle.)

2. On pose $z = x + iy$, $z' = f(z) = x' + iy'$, où x, y, x' et y' sont réels.

a. Calculer x' et y' en fonction de x et y.

b. Déterminer l'ensemble E des points M, d'affixe z, pour lesquels z' est réel.

c. Déterminer l'ensemble F des points M, d'affixe z, pour lesquels la partie réelle x' de z' est nulle. (On donnera une caractérisation géométrique des ensembles E et F.)

3. a. Calculer $z' - 1$ en fonction de z.

En déduire une relation entre les modules, puis entre les arguments, de $z' - 1$ et $z + 2$.

b. Déterminer l'ensemble $T(\Gamma_r)$, image par T du cercle Γ_r de centre A et de rayon r, où $r > 0$.

c. Soit D_2 le disque de centre A et de rayon 2, privé du point A, c'est-à-dire l'ensemble des points M d'affixe z telle que $0 < |z+2| \leqslant 2$.

Déterminer l'ensemble $T(D_2)$.

d. Soit Γ_2 le cercle de centre A et de rayon 2, G le point de Γ_2 tel que

$(\vec{u}, \overrightarrow{AG}) = \dfrac{\pi}{4}$.

On note]AG] le segment [AG] privé du point A.

Quelle est l'image par T de]AG] ?

EXERCICE 5 (18 points)

On considère les fonctions f_n définies sur $\mathbb{R}$ par

$$f_0(x) = \frac{1}{x^2 - x + 1} \text{ pour } n = 0,$$

$$f_n(x) = \frac{x^n}{x^2 - x + 1} \text{ pour } n \in \mathbb{N}^*.$$

On pose, pour n entier naturel, $I_n = \int_0^1 f_n(x)\mathrm{d}x$.

1. a. Calculer $f'_0(x)$ et étudier les variations de la fonction f_0.

b. On note Γ_0 la courbe représentative de f_0, A et B les points de Γ_0 d'abscisses 0 et 1 respectivement, D_A et D_B les tangentes en A et B à Γ_0, $y = \varphi_A(x)$ et $y = \varphi_B(x)$ les équations de ces tangentes.

Donner les équations de D_A et D_B.

Calculer, pour $x \in \mathbb{R}$, $f_0(x) - \varphi_A(x)$ et $f_0(x) - \varphi_B(x)$.

En déduire la position de Γ_0 par rapport aux tangentes D_A et D_B.

c. Dans un plan rapporté à un repère orthonormal (on choisira pour unité de longueur 3 cm), tracer la portion de la courbe Γ_0 correspondant à l'intervalle $[-1 ; 2]$, ainsi que les tangentes D_A et D_B.

2. Soit P une parabole d'équation $y = p(x) = ax^2 + bx + c$.

a. Déterminer les coefficients a, b et c pour que la parabole P passe par les points A et B et soit tangente à D_A.

b. Calculer $f_0(x) - p(x)$.

En déduire la position de Γ_0 par rapport à P.

Tracer la parabole P sur le graphique de la question **1.c.**.

3. En utilisant les questions **1.** et **2.**, établir que

$$\frac{k}{12} < I_0 < \frac{m}{12},$$

où k et m sont deux entiers que l'on précisera.

Indiquer les inégalités entre intégrales que vous avez utilisées pour obtenir ce résultat.

4. a. Calculer $2I_1 - I_0$; en déduire I_1 en fonction de I_0.

b. Calculer $I_2 - I_1 + I_0$.

En déduire I_2 en fonction de I_0.

Déterminer deux entiers q et r tels que $I_2 \in \left]\frac{q}{8} ; \frac{r}{12}\right[$.

5. Montrer brièvement que, pour tout $x \in [0, 1]$ et pour tout $n \in \mathbb{N}^*$, $x^n \leqslant x^n f_0(x) \leqslant \frac{4}{3}x^n$.

En déduire deux réels s et t tels que, pour $n \in \mathbb{N}^*$, $\frac{s}{n+1} \leqslant \mathrm{I}_n \leqslant \frac{t}{n+1}$.

Déterminer $\lim\limits_{n \to +\infty} \mathrm{I}_n$.

6. a. À l'aide d'une intégration par parties, établir que

$$\forall n \in \mathbb{N}, \mathrm{I}_n = \frac{1}{n+1} + \frac{1}{n+1}\int_0^1 g(x)x^{n+1}\mathrm{d}x,$$

où g est une fonction que l'on précisera.

b. Calculer $g'(x)$ et étudier les variations de g sur l'intervalle $[0, 1]$.

c. Établir que pour tout entier $n \in \mathbb{N}$, $1 + \frac{i}{n+2} \leqslant (n+1)\mathrm{I}_n \leqslant 1 + \frac{j}{n+2}$,

où i et j sont deux entiers que l'on précisera.

En déduire $\lim\limits_{n \to +\infty} n\mathrm{I}_n$.

CORRIGÉ

EXERCICE 1

1. Équation différentielle: $y'' + y = 0$ (1)

a. Équation caractéristique: $\boxed{r^2 + 1 = 0}$.

b. Résolution de l'équation différentielle:

Les solutions de l'équation caractéristique sont: $r_1 = i$ et $r_2 = -i$. Donc les solutions de (1) sont:

$$\boxed{y = a\cos x + b\sin x \qquad \text{où } a \text{ et } b \text{ sont des réels.}}$$

2. Équation différentielle: $y'' + y = e^x + e^{-x}$ (2)

Soit f une solution de (2) et soit g la fonction définie sur $\mathbb{R}$ par $g(x) = f(x) - m(e^x + e^{-x})$ où m est un réel donné.

a. Pour tout réel x, $g'(x) = f'(x) - m(e^x - e^{-x})$. Donc pour tout réel x, $\boxed{g''(x) = f''(x) - m(e^x + e^{-x})}$.

b. Déterminons m pour que g soit solution de (1):

g est solution de (1) si et seulement si pour tout réel x on a

$$\begin{aligned} g''(x) + g(x) &= f''(x) + f(x) - 2m(e^x + e^{-x}) \\ &= e^x + e^{-x} - 2m(e^x + e^{-x}) = (e^x + e^{-x})(1 - 2m). \end{aligned}$$

g est solution de (1) si et seulement si pour tout réel x, $(e^x + e^{-x})(1 - 2m) = 0$. Pour tout réel x, $e^x + e^{-x} \neq 0$. Donc g est solution de (1) si et seulement si $\boxed{m = \frac{1}{2}}$.

c. Si f est solution de (2) et vérifie la relation (3), alors pour tout x de $\mathbb{R}$, $f(x) = g(x) + \frac{1}{2}(e^x + e^{-x})$.

Soit: $\boxed{f(x) = a\cos x + b\sin x + \frac{1}{2}(e^x + e^{-x})}$.

d. Solution vérifiant $h(0) = 0$ et $h'(0) = 1$:

Pour tout réel x, $h'(x) = -a\sin x + b\cos x + \frac{1}{2}(e^x + e^{-x})$.

Donc: $\begin{cases} h(0) = a + 1 = 0 \\ h'(0) = b = 1. \end{cases}$ Soit: $\begin{cases} a = -1 \\ b = 1. \end{cases}$

$$\boxed{h(x) = \sin x - \cos x + \frac{1}{2}(e^x - e^{-x})}.$$

EXERCICE 2

Pour tout x de $\mathbb{R}$, on a $A(x) = \frac{1}{6}(px^3 - 3x^2 + x)$, où p est un nombre réel donné, et $B(x) = A(x+1) - A(x)$.

1. Simplification de B(x)

a. Pour tout x de $\mathbb{R}$, $\boxed{B(x) = \frac{p}{2}x^2 + \left(\frac{p}{2} - 1\right)x + \frac{p-2}{6}}$

b. Pour tout x de $\mathbb{R}$, $B(x) = x^2 \Leftrightarrow \begin{cases} \frac{p}{2} = 1 \\ \frac{p}{2} - 1 = 0 \\ \frac{p-2}{6} = 0 \end{cases} \Leftrightarrow \boxed{p = 2}$.

2. On pose pour tout x de $\mathbb{R}$, $B(x) = x^2$ et pour tout entier naturel n non nul, $S_n = 1^2 + 2^2 + \ldots + n^2$.

a. Pour tout entier naturel n non nul,

$$S_n = \sum_{k=1}^{n} B(k) = \sum_{k=1}^{n} [A(k+1) - A(k)]$$

$$S_n = A(2) - A(1) + A(3) - A(2) + \ldots + A(n+1) - A(n).$$

Donc: $\boxed{S_n = A(n+1) - A(1)}$.

b. Pour tout entier naturel n non nul, d'après la question précédente on a

$$S_n = \frac{1}{6}[2(n+1)^3 - 3(n+1)^2 + n + 1] - 0$$

$$S_n = \frac{1}{6}(2n^3 + 6n^2 + 6n + 2 - 3n^2 - 6n - 3 + n + 1)$$

$$\boxed{S_n = \frac{2n^3 + 3n^2 + n}{6} = \frac{n(n+1)(2n+1)}{6}}.$$

Donc $\boxed{s = 1,\ t = 2 \text{ et } u = 1}$.

3. Soient q et n deux entiers naturels tels que $1 \leqslant q \leqslant n$. On pose: $I_q = \int_1^n |x - q| \mathrm{d}x$.

a. $I_1 = \int_1^n |x-1| \mathrm{d}x = \int_1^n (x-1)\mathrm{d}x = \left[\frac{x^2}{2} - x\right]_1^n$

$$\boxed{I_1 = \frac{n^2}{2} - n + \frac{1}{2}}.$$

$I_n = \int_1^n |x-n| \mathrm{d}x = \int_1^n (n-x)\mathrm{d}x = \left[nx - \frac{1}{2}x^2\right]_1^n$

$$\boxed{I_n = \frac{n^2}{2} - n + \frac{1}{2}}.$$

$I_2 = \int_1^n |x-2| \mathrm{d}x = \int_1^2 (2-x)\mathrm{d}x + \int_2^n (x-2)\mathrm{d}x = \left[2x - \frac{x^2}{2}\right]_1^2 + \left[\frac{x^2}{2} - 2x\right]_2^n$

$$\boxed{I_2 = \frac{n^2}{2} - 2n + \frac{5}{2}}.$$

$I_{n-1} = \int_1^n |x - n + 1| \mathrm{d}x = \int_1^{n-1} (n-1-x)\mathrm{d}x + \int_{n-1}^n (x-n+1)\mathrm{d}x$

$$\mathrm{I}_{n-1} = \left[nx - x - \frac{x^2}{2}\right]_1^{n-1} + \left[\frac{x^2}{2} - nx + x\right]_{n-1}^{n}$$

$$\mathrm{I}_{n-1} = n(n-1) - n + 1 - \frac{(n-1)^2}{2} - n + 1 + \frac{1}{2} + \frac{n^2}{2} - n^2 + n$$
$$- \frac{(n-1)^2}{2} + n(n-1) - n + 1$$

$$\boxed{\mathrm{I}_{n-1} = \frac{n^2}{2} - 2n + \frac{5}{2}}.$$

b.

$$\mathrm{I}_q = \int_1^n |x-q|\mathrm{d}x = \int_1^q (q-x)\mathrm{d}x + \int_q^n (x-q)\mathrm{d}x = \left[qx - \frac{x^2}{2}\right]_1^q + \left[\frac{x^2}{2} - qx\right]_q^n$$

$$\boxed{\mathrm{I}_q = q^2 - q + \frac{1}{2} + \frac{1}{2}n^2 - qn}.$$

$$d[\mathrm{B}(q-1) + \mathrm{B}(n-q)] = d(q^2 - 2q + 1 + n^2 - 2nq + q^2)$$
$$= d(2q^2 - 2q + 1 + n^2 - 2qn).$$

Si $n = q = 1$ on a $\mathrm{I}_q = 0$. Donc l'équation

$$\mathrm{I}_q = d[\mathrm{B}(q-1) + \mathrm{B}(n-q)]$$

s'écrit $0 = 0 \times d$ et tout nombre réel est solution de cette équation en d.

Si $n \neq 1$, la fonction $x \mapsto |x-q|$ est continue, positive sur $[1\,;n]$ et différente de la fonction nulle sur $[1\,;n]$, le réel I_q est donc strictement positif et l'on a

$$\boxed{\mathrm{I}_q = d[\mathrm{B}(q-1) + \mathrm{B}(n-q)] \Leftrightarrow d = \frac{1}{2}}$$

c. Soit $\mathrm{T} = \int_1^n (|x-1| + |x-2| + \ldots + |x-n|)\mathrm{d}x$

1. $\mathrm{T} = \mathrm{I}_1 + \mathrm{I}_2 + \ldots + \mathrm{I}_n$

$$= \frac{1}{2}[\mathrm{B}(0) + \mathrm{B}(n-1) + \mathrm{B}(1) + \mathrm{B}(n-2) + \ldots + \mathrm{B}(n-1) + \mathrm{B}(0)]$$

$$= \frac{1}{2}[2\mathrm{B}(0) + 2\mathrm{B}(1) + \ldots + 2\mathrm{B}(n-1)]$$

$$\mathrm{T} = \sum_{q=0}^{n-1} \mathrm{B}(q).$$

On a donc $i = 0$ et $\ell = n-1$.

2. On déduit de la question précédente que :

$$T = S_{n-1} = \frac{(n-1)n(2(n-1)+1)}{6}. \text{ Soit:}$$

$$\boxed{T = \frac{n}{6}(2n^2 - 3n + 1)}.$$

Donc $\alpha = 2$, $\beta = -3$, $\gamma = 1$.

EXERCICE 3

A. Suites numériques

1. Pour tout entier naturel n non nul

$$v_{n+1} = u_{n+1} + \frac{c}{b-1} = bu_n + c + \frac{c}{b-1} = bu_n + \frac{cb}{b-1}$$

$$= b\left(u_n + \frac{c}{b-1}\right) = bv_n.$$

Donc pour tout entier naturel n non nul, $\boxed{v_{n+1} = bv_n}$. La suite v est une suite géométrique de raison b et de premier terme $v_1 = a + \frac{c}{b-1}$.

2. Comme on sait que $|b| < 1$, $\boxed{\lim\limits_{n \to +\infty} v_n = 0}$.

3. On a pour tout entier naturel n non nul : $u_n = v_n - \frac{c}{b-1}$. Donc :

$$\boxed{\lim_{n \to +\infty} u_n = -\frac{c}{b-1}}$$

B. Probabilités

1. E_1 est l'événement « le premier tirage se fait dans l'urne U ». Comme il y a équiprobabilité dans le choix des urnes :

$$\boxed{p_1 = \frac{1}{2}}.$$

2. Détermination de p_2

Les événements E_1 et $\overline{E_1}$ ont des probabilités non nulles.

a. Calcul de $p(E_2/E_1)$:

(E_2/E_1) est l'événement « le deuxième tirage se fait dans l'urne U sachant que le premier s'est fait dans l'urne U ». Cet événement est identique à l'événement «on a tiré une boule blanche de l'urne U au premier tirage». On a donc:

$$\boxed{p(E_2/E_1) = \frac{6}{10} = \frac{3}{5}}.$$

b. Calcul de $p(E_2/\overline{E_1})$:

$(E_2/\overline{E_1})$ est l'événement «le deuxième tirage se fait dans l'urne U sachant que le premier s'est fait dans l'urne W». Cet événement est identique à l'événement «on a tiré une boule noire de l'urne W au premier tirage». On a donc:

$$\boxed{p(E_2/\overline{E_1}) = \frac{5}{15} = \frac{1}{3}}.$$

c. Calcul de p_2 :

$$p(E_2 \cap E_1) = p(E_1) \times p(E_2/E_1) = \boxed{\frac{3}{10}}$$

$$p(E_2 \cap \overline{E_1}) = p(\overline{E_1}) \times p(E_2/\overline{E_1}) = \boxed{\frac{1}{6}}.$$

On utilise la formule des probabilités totales. Les événements E_1 et $\overline{E_1}$ forment une partition de l'ensemble des tirages:

$$p_2 = p(E_2) = p(E_2 \cap E_1) + p(E_2 \cap \overline{E_1}).\ \text{Soit :}\ \boxed{p_2 = \frac{7}{15}}.$$

3. Étude de p_n

Pour tout entier naturel n non nul, les événements E_n et $\overline{E_n}$ ont des probabilités non nulles.

a. Calculs de $p(E_{n+1}/E_n)$ et de $p(E_{n+1}/\overline{E_n})$

Comme on remet la boule dans l'urne après l'avoir tirée, pour tout entier naturel n non nul:

$$\boxed{p(E_{n+1}/E_n) = p(E_2/E_1) = \frac{3}{5}\ \text{et}\ p(E_{n+1}/\overline{E_n}) = p(E_2/\overline{E_1}) = \frac{1}{3}}.$$

b. On peut en déduire, pour tout entier naturel n non nul:

$$p(E_{n+1} \cap E_n) = p(E_n) \times p(E_{n+1}/E_n) = \boxed{p_n \times \frac{3}{5}}$$

$$p(E_{n+1} \cap \overline{E_n}) = p(\overline{E_n}) \times p(E_{n+1}/\overline{E_n}) = \boxed{(1 - p_n) \times \frac{1}{3}}.$$

4. Calcul de p_{n+1}

On utilise la formule des probabilités totales, pour tout entier naturel n non nul :

$$p_{n+1} = p(\mathrm{E}_{n+1} \cap \mathrm{E}_n) + p(\mathrm{E}_{n+1} \cap \overline{\mathrm{E}_n}). \text{ Soit: } \boxed{p_{n+1} = \frac{4}{15}p_n + \frac{1}{3}}.$$

5. Déterminons $\lim\limits_{n \to +\infty} p_n$

On applique les résultats de la partie **A** en prenant $b = \frac{4}{15}$ et $c = \frac{1}{3}$. On a $|b| < 1$, donc :

$$\boxed{\lim_{n \to +\infty} p_n = -\frac{\frac{1}{3}}{\frac{4}{15} - 1} = \frac{5}{11}}.$$

EXERCICE 4

1. Solution de l'équation : $\frac{z}{z+2} = e^{2i\frac{\pi}{3}}$

Pour tout z de $\mathbb{C} - \{-2\}$:

$$\frac{z}{z+2} = -\frac{1}{2} + i\frac{\sqrt{3}}{2} \Leftrightarrow \boxed{z = -1 + i\frac{\sqrt{3}}{3}}.$$

Soit z_0 cette racine. Si θ est un argument de z_0, on a :

$$|z_0| = \frac{2\sqrt{3}}{3} \text{ et } \begin{cases} \cos\theta = -\frac{\sqrt{3}}{3} \\ \sin\theta = \frac{1}{2}. \end{cases} \text{ Donc } \theta = \frac{5\pi}{6} + 2k\pi \ (k \in \mathbb{Z}).$$

$$\boxed{z_0 = \frac{2\sqrt{3}}{3}e^{i\frac{5\pi}{6}}}.$$

2. On pose $z = x + iy$

a. Calcul de x' et y'. Pour tout z de $\mathbb{C} - \{-2\}$:

$$x' + iy' = \frac{x+iy}{x+iy+2} \Leftrightarrow \boxed{\begin{cases} x' = \frac{x^2 + y^2 + 2x}{(x+2)^2 + y^2} \\ y' = \frac{2y}{(x+2)^2 + y^2} \end{cases}}$$

b. Ensemble E des points M pour lesquels z' est réel :

$$z' \text{ réel } \Leftrightarrow \begin{cases} y = 0 \\ (x+2)^2 + y^2 \neq 0 \end{cases}$$

E est la droite $(\text{O}, \vec{u})$ privée du point $\text{A}(-2, 0)$.

c. Ensemble F des points M pour lesquels la partie réelle de z' est nulle :

$$x' = 0 \Leftrightarrow \begin{cases} (x+1)^2 + y^2 = 1 \\ (x+2)^2 + y^2 \neq 0 \end{cases}$$

F est le cercle de centre C $(-1, 0)$ et de rayon 1 privé du point A.

3. a. Calcul de $z' - 1$:

Pour tout z de $\mathbb{C} - \{-2\}$, $z' - 1 = \dfrac{-2}{z+2}$.

Le nombre $\dfrac{-2}{z+2}$ est non nul et donc $z' - 1$ est non nul.

$$z' - 1 = \frac{-2}{z+2} \text{ si et seulement si}$$

$$|z' - 1| = \frac{2}{|z+2|} \text{ et } \arg(z' - 1) = \pi - \arg(z+2) + 2k\pi \quad (k \in \mathbb{Z})$$

b. Image par T de Γ_r cercle de centre A et de rayon r

Une équation de Γ_r est $|z+2| = r$.

$|z+2| = r$ si et seulement si $|z' - 1| = \dfrac{2}{r}$.

$\text{T}(\Gamma_r)$ est le cercle de centre B et de rayon $\dfrac{2}{r}$.

c. Image du disque D_2 ensemble des points $\text{M}(z)$

tels que : $0 < |z+2| < 2$.

$0 < |z+2| \leqslant 2$ si et seulement si $|z' - 1| \geqslant 1$.

$\text{T}(\text{D}_2)$ est le plan privé de l'intérieur du disque de centre B et de rayon 1.

d. Image par T de]AG].

]AG] est inclus dans D_2, donc son image sera incluse dans $\text{T}(\text{D}_2)$. Pour tout point M de]AG] : $(\vec{u}, \overrightarrow{\text{AM}}) = \dfrac{\pi}{4}$.

Si z ($z \in \mathbb{C} - \{-2\}$) est l'affixe de M et z' est l'affixe de M',

$(\vec{u}, \overrightarrow{AM}) = (\vec{u}, \overrightarrow{AG}) = \arg(z+2) + 2k\pi \ (k \in \mathbb{Z})$. Donc, d'après **3.a.**, un argument de $(z'-1)$ est $\pi - \arg(z+2) = \pi - \frac{\pi}{4} = \frac{3\pi}{4}$.

On peut en déduire que si M est élément de]AG] le point M' se trouve sur la demi-droite définie par: $(\vec{u}, \overrightarrow{BM'}) = \frac{3\pi}{4}$ et $BM' \geqslant 1$.

Réciproquement, si on prend un point M' de cette demi-droite, $(\vec{u}, \overrightarrow{BM'}) = \frac{3\pi}{4}$. Alors $(\vec{u}, \overrightarrow{AM}) = \frac{\pi}{4}$ et si $|z'-1| \geqslant 1$, alors $0 < |z+2| \leqslant 2$. Donc M est élément de]AG].

T(]AG]) est la demi-droite définie par : $(\vec{u}, \overrightarrow{BM'}) = \frac{3\pi}{4}$ et $BM' \geqslant 1$.

EXERCICE 5

1. Soit $f_0(x) = \dfrac{1}{x^2 - x + 1}$

Pour tout réel x le réel $x^2 - x + 1$ est strictement positif.

a. La fonction f_0 est une fonction rationnelle, elle est donc dérivable sur son ensemble de définition.

Pour tout réel x on a $f'_0(x) = -\dfrac{(2x-1)}{(x^2-x+1)^2}$. La fonction f_0 est croissante sur $\left]-\infty, \frac{1}{2}\right]$ et décroissante sur $\left[\frac{1}{2}, +\infty\right[$.

x	$-\infty$		$\frac{1}{2}$		$+\infty$
$f'_0(x)$		+	0	−	
$f_0(x)$		↗	$\frac{4}{3}$	↘	

b. A(0, 1) et B(1, 1). $f'_0(0) = 1$ et $f'_0(1) = -1$. Donc :

$$\boxed{D_A : y = x + 1 = \varphi_A(x) \quad \text{et} \quad D_B : y = -x + 2 = \varphi_B(x)}$$

Pour tout réel x, on a $f_0(x) - \varphi_A(x) = \dfrac{-x^3}{x^2 - x + 1}$. Donc :

$$\boxed{\begin{cases} \text{si } x < 0 \text{ alors } \Gamma_0 \text{ est au-dessus de } D_A \,; \\ \text{si } x > 0 \text{ alors } \Gamma_0 \text{ est au-dessous de } D_A. \end{cases}}$$

Pour tout réel x, on a $f_0(x) - \varphi_B(x) = \dfrac{(x-1)^3}{x^2 - x + 1}$. Donc :

$$\boxed{\begin{cases} \text{si } x < 1 \text{ alors } \Gamma_0 \text{ est au-dessous de } D_B \,; \\ \text{si } x > 1 \text{ alors } \Gamma_0 \text{ est au-dessus de } D_B. \end{cases}}$$

c. Tracé de Γ_0.

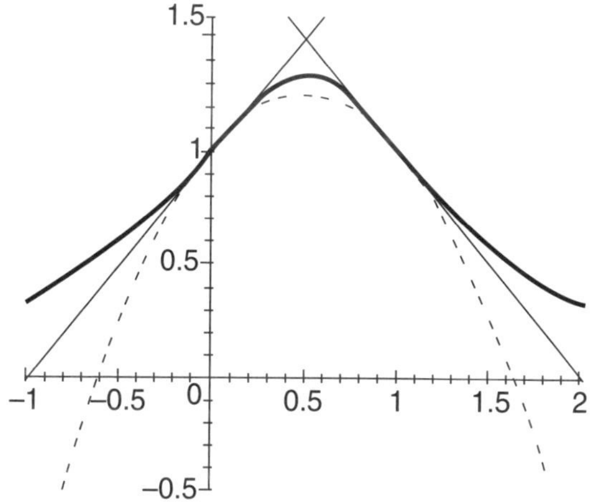

2. Soit P la parabole d'équation $y = p(x) = ax^2 + bx + c$

a. $A \in P$ si et seulement si $p(0) = 1$. $B \in P$ si et seulement si $p(1) = 1$. P est tangente à D_A si et seulement si la dérivée de p en 0 est égale au coefficient directeur de D_A soit $p'(0) = 1$.

b. $\begin{cases} p(0) = 1 \\ p(1) = 1 \\ p'(0) = 1 \end{cases}$ si et seulement si $\begin{cases} c = 1 \\ a + b + c = 1 \\ b = 1 \end{cases}$ c'est-à-dire $\begin{cases} a = -1 \\ b = 1 \\ c = 1 \end{cases}$

Donc pour tout réel x, on a $\boxed{p(x) = -x^2 + x + 1}$

c. Pour tout réel x, on a

$$f_0(x) - p(x) = \frac{1}{x^2 - x + 1} + x^2 - x + 1 = \frac{x^2(x-1)^2}{x^2 - x + 1} \geqslant 0.$$

$$\boxed{\Gamma_0 \text{ est au-dessus de P}}$$

3. Pour tout réel x de $[0,\ 1]$, $p(x) \leqslant f_0(x)$ et sur $]0,\ 1[$ on a $p(x) < f_0(x)$. $0 < 1$, donc les intégrales sont dans le même ordre que les fonctions. D'où :

$$\int_0^1 p(x)\mathrm{d}x < \mathrm{I}_0.$$

Pour tout réel x de $\left[0, \frac{1}{2}\right]$, $f_0(x) \leqslant x + 1$ et sur $\left]0, \frac{1}{2}\right]$ on a $f_0(x) < x + 1$. $0 < \frac{1}{2}$, donc les intégrales sont dans le même ordre que les fonctions. D'où :

$$\int_0^{\frac{1}{2}} f_0(x)\mathrm{d}x < \int_0^{\frac{1}{2}} (x+1)\mathrm{d}x.$$

Pour tout réel x de $\left[\frac{1}{2}, 1\right]$, $f_0(x) \leqslant -x + 2$ et sur $\left[\frac{1}{2}, 1\right[$ on a $f_0(x) < -x + 2$. On a $\frac{1}{2} < 1$, donc les intégrales sont dans le même ordre que les fonctions. D'où :

$$\int_{\frac{1}{2}}^1 f_0(x)\mathrm{d}x < \int_{\frac{1}{2}}^1 (-x+2)\mathrm{d}x.$$

D'où, en sommant les deux inégalités précédentes,

$$\mathrm{I}_0 < \int_0^{\frac{1}{2}} (x+1)\mathrm{d}x + \int_{\frac{1}{2}}^1 (-x+2)\mathrm{d}x$$

$$\mathrm{I}_0 < \left[\frac{x^2}{2} + x\right]_0^{\frac{1}{2}} + \left[-\frac{x^2}{2} + 2x\right]_{\frac{1}{2}}^1.$$

D'où : $\int_0^1 p(x)\mathrm{d}x < \mathrm{I}_0 < \left[\frac{x^2}{2} + x\right]_0^{\frac{1}{2}} + \left[-\frac{x^2}{2} + 2x\right]_{\frac{1}{2}}^1$

$$\left[-\frac{x^2}{3} + \frac{x^2}{2} + x\right]_0^1 < \mathrm{I}_0 < \frac{5}{4}$$

$$\frac{7}{6} < \mathrm{I}_0 < \frac{5}{4}$$

$$\frac{14}{12} < \mathrm{I}_0 < \frac{15}{12}.$$

D'où: $\boxed{k = 14 \text{ et } m = 15}$.

4. a. $2\mathrm{I}_1 - \mathrm{I}_0 = \int_0^1 \frac{2x-1}{x^2-x+1}\mathrm{d}x = [\ln(x^2-x+1)]_0^1 = 0.$

Donc: $\boxed{\mathrm{I}_1 = \frac{1}{2}\mathrm{I}_0}$.

b. $\mathrm{I}_2 - \mathrm{I}_1 + \mathrm{I}_0 = \int_0^1 \frac{x^2-x+1}{x^2-x+1}\mathrm{d}x = [x]_0^1 = 1$.

Donc: $\boxed{\mathrm{I}_2 = \mathrm{I}_1 - \mathrm{I}_0 + 1 = -\frac{1}{2}\mathrm{I}_0 + 1}$.

En utilisant l'inégalité de la question précédente: $\frac{3}{8} < \mathrm{I}_2 < \frac{5}{12}$.

Soit: $\boxed{q = 3 \text{ et } r = 5}$.

5. D'après les variations de f on sait que sur [0, 1]: $1 \leqslant f_0(x) \leqslant \frac{4}{3}$. Donc

pour tout x de [0, 1]: $x^n \leqslant x^n f_0(x) \leqslant \frac{4}{3}x^n$. Donc :

$$\int_0^1 x^n \mathrm{d}x \leqslant \mathrm{I}_n \leqslant \int_0^1 \frac{4}{3}x^n \mathrm{d}x$$

$$\frac{1}{n+1} \leqslant \mathrm{I}_n \leqslant \frac{\frac{4}{3}}{n+1}$$

Soit: $\boxed{s = 1 \text{ et } t = \frac{4}{3}}$.

Comme $\lim\limits_{n \to +\infty} \frac{1}{n+1} = \lim\limits_{n \to +\infty} \frac{\frac{4}{3}}{n+1} = 0$, alors: $\boxed{\lim\limits_{n \to +\infty} \mathrm{I}_n = 0}$.

a. Soit pour tout réel x de [0, 1] et pour tout entier n :

$$u = \frac{1}{x^2 - x + 1},\ u' = -\frac{2x-1}{(x^2-x+1)^2},\ v' = x^n$$

$v = \dfrac{x^{n+1}}{n+1}$. Les fonctions u et v étant dérivables sur [0, 1] et de dérivée continue, on a :

$$\mathrm{I}_n = \left[\frac{x^{n+1}}{(n+1)(x^2-x+1)}\right]_0^1 + \frac{1}{n+1}\int_0^1 \frac{2x-1}{(x^2-x+1)^2}x^{n+1}\mathrm{d}x$$

$$\mathrm{I}_n = \frac{1}{n+1} + \frac{1}{n+1}\int_0^1 \frac{2x-1}{(x^2-x+1)^2}x^{n+1}\mathrm{d}x .$$

Soit: $\boxed{g(x) = \dfrac{2x-1}{(x^2-x+1)^2}}$.

b. Pour tout réel x de [0, 1], $g'(x) = \dfrac{-6x(x-1)}{(x^2-x+1)^3} \geqslant 0$. Donc g est une fonction croissante sur [0, 1].

c. La fonction g étant dérivable et croissante sur [0, 1], l'image de [0, 1] est $[g(0), g(1)] = [-1, 1]$.

Donc, pour tout réel x de [0, 1]: $-1 \leqslant g(x) \leqslant 1$.

Donc : $-x^{n+1} \leqslant x^{n+1}g(x) \leqslant x^{n+1}$.

Donc :

$$\frac{1}{n+1} + \frac{1}{n+1}\int_0^1(-x^{n+1})\mathrm{d}x \leqslant \mathrm{I}_n \leqslant \frac{1}{n+1} + \frac{1}{n+1}\int_0^1 x^{n+1}\mathrm{d}x$$

$$1 - \int_0^1 x^{n+1}\mathrm{d}x \leqslant (n+1)\mathrm{I}_n \leqslant 1 + \int_0^1 x^{n+1}\mathrm{d}x$$

$$1 - \frac{1}{n+2} \leqslant (n+1)\mathrm{I}_n \leqslant 1 + \frac{1}{n+2}.$$

Soit: $\boxed{i = -1 \text{ et } j = 1}$.

$$\lim_{n\to+\infty}\left(1 - \frac{1}{n+2}\right) = \lim_{n\to+\infty}\left(1 + \frac{1}{n+2}\right) = 1 \text{. Donc:}$$

$$\lim_{n\to+\infty}(n+1)\mathrm{I}_n = 1 .$$

$$\lim_{n\to+\infty}(n+1)\mathrm{I}_n = \lim_{n\to+\infty} n\mathrm{I}_n + \lim_{n\to+\infty}\mathrm{I}_n \text{. Donc: } \boxed{\lim_{n\to+\infty} n\mathrm{I}_n = 1}.$$

Formulaire

Combinatoire-Dénombrement

$\text{Card}\,(A \cup B) = \text{Card}\,A + \text{Card}\,B - \text{Card}\,(A \cap B)$.

$\text{Card}\,(A \times B) = \text{Card}\,A \ \ \text{Card}\,B$.

Soit E un ensemble de *n* éléments

Nombre de permutations de E :

$n! = 1 \times 2 \times 3 \times \ldots \times n\ ; \quad 0! = 1$.

Nombre d'arrangements de p éléments de E :

$A_n^p = n\,(n-1)\ldots(n-p+1)$.

Nombre de sous-ensembles de p éléments de E :

$$C_n^p = \binom{n}{p} = \frac{A_n^p}{p!} = \frac{n\,(n-1)\ldots(n-p+1)}{p!} = \frac{n!}{p!\,(n-p)!}.$$

$C_p^n = C_n^{n-p}\ ; \quad C_{n+1}^{p+1} = C_n^p + C_n^{p+1}$.

Probabilités

Si A et B sont incompatibles : $P\,(A \cup B) = P\,(A) + P\,(B)$.

Dans le cas général : $P\,(A \cup B) = P\,(A) + P\,(B) - P\,(A \cap B)$.

$P\,(\bar{A}) = 1 - P\,(A)\ ; \quad P\,(\Omega) = 1\ ; \quad P\,(\varnothing) = 0$.

Si $A_1, \ldots, A_n$ forment une partition de A, $P\,(A) = \sum_{i=1}^{n} P\,(A_i)$.

Dans le cas équiprobable : $P\,(A) = \dfrac{\text{Card}\,A}{\text{Card}\,\Omega}$.

Probabilité conditionnelle de A sachant que B est réalisé

$P\,(A \cap B) = P\,(A|B)\,P\,(B)$; $P\,(A|B)$ se note aussi $P_B\,(A)$.

Cas où A et B sont indépendants : $P\,(A \cap B) = P\,(A)\,P\,(B)$.

Formule des probabilités totales

Si les événements $B_1, B_2, \ldots, B_n$ forment une partition de Ω, alors

$P\,(A) = P\,(A \cap B_1) + P\,(A \cap B_2) + \ldots + P\,(A \cap B_n)$.

Variable aléatoire

Fonction de répartition : $F\,(x) = P\,(X \leqslant x)$.

Espérance mathématique : $E\,(X) = \sum_{i=1}^{n} p_i x_i$.

Variance : $V(X) = \sum_{i=1}^{n} p_i (x_i - E(X))^2 = \sum_{i=1}^{n} p_i x_i^2 - (E(X))^2$.

Écart-type : $\sigma(X) = \sqrt{V(X)}$.

Algèbre

A – Nombres complexes

Forme algébrique : $z = x + iy$.

Forme trigonométrique : $z = \rho(\cos\theta + i\sin\theta) = \rho e^{i\theta}, \quad \rho > 0$.

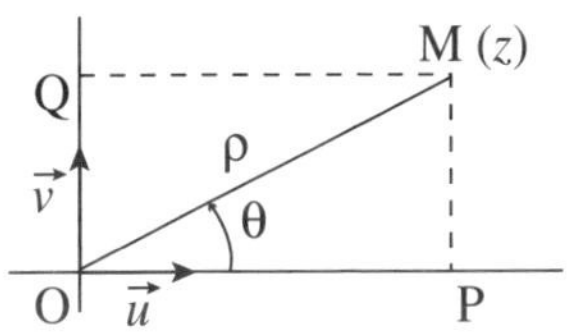

$\overrightarrow{OM} = x\vec{u} + y\vec{v}$;

$\overline{OP} = x = \text{Re}(z) = \rho\cos\theta$;

$\overline{OP} = y = \text{Im}(z) = \rho\sin\theta$;

$OM = \rho = |z| = \sqrt{x^2 + y^2}$.

Opérations algébriques

$z + z' = (x + iy) + (x' + iy') = (x + x') + i(y + y')$.

$zz' = (x + iy)(x' + iy') = (xx' - yy') + i(xy' + x'y)$.

Conjugué

$z = x + iy = \rho e^{i\theta}$; $\bar{z} = x - iy = \rho e^{-i\theta}$;

$x = \frac{1}{2}(z + \bar{z})$; $y = \frac{1}{2i}(z - \bar{z})$.

$\overline{z + z'} = \bar{z} + \bar{z'} = \overline{zz'} = \bar{z}\,\bar{z'}$.

$z\bar{z} = x^2 + y^2 = |z|^2$.

$\frac{1}{z} = \frac{\bar{z}}{z\bar{z}} = \frac{x}{x^2 + y^2} + i\frac{-y}{x^2 + y^2} = \frac{1}{\rho}e^{-i\theta}$.

Module et argument d'un produit, d'un quotient

$zz' = (\rho e^{i\theta})(\rho' e^{i\theta}) = \rho\rho' e^{i(\theta + \theta')}$.

$|zz'| = |z||z'|$.

$\frac{z}{z'} = \frac{\rho e^{i\theta}}{\rho' e^{i\theta'}} = \frac{\rho}{\rho'} e^{i(\theta - \theta')}$.

$\left|\frac{z}{z'}\right| = \frac{|z|}{|z'|}$.

$z^n = (\rho e^{i\theta})^n = \rho^n e^{in\theta}, n \in \mathbb{Z}.$

Inégalité triangulaire

$\left||z| - |z'|\right| \leqslant |z + z'| \leqslant |z| + |z'|.$

B – Identités remarquables

(Valables sur $\mathbb{C}$ et donc sur $\mathbb{R}$.)

$(a+b)^2 = a^2 + 2ab + b^2$; $(a-b)^2 = a^2 - 2ab + b^2.$

$(a+b)^3 = a^3 + 3a^2b + 3ab^2 + b^3.$

$(a-b)^3 = a^3 - 3a^2b + 3ab^2 - b^3.$

$(a+b)^n = a^n + C_n^1 a^{n-1}b + \ldots + C_n^k a^{n-k}b^k + \ldots + b^n.$

$a^2 - b^2 = (a+b)(a-b)$; $a^2 + b^2 = (a+ib)(a-ib).$

C – Trigonométrie

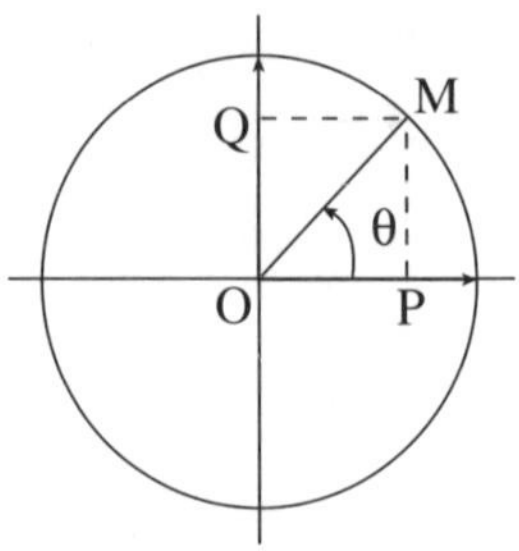

$\overline{OP} = \cos\theta$;

$\overline{OQ} = \sin\theta$;

$\cos^2\theta + \sin^2\theta = 1$;

$\tan\theta = \dfrac{\sin\theta}{\cos\theta}, \quad \theta \neq \dfrac{\pi}{2} + k\pi.$

Formules d'Euler

$\cos\theta = \dfrac{1}{2}(e^{i\theta} + e^{-i\theta})$; $\sin\theta = \dfrac{1}{2i}(e^{i\theta} - e^{-i\theta}).$

Formules d'addition

$e^{i(a+b)} = e^{ia}e^{ib}.$

$\cos(a+b) = \cos a \cos b - \sin a \sin b$;

$\cos(a-b) = \cos a \cos b + \sin a \sin b.$

$\sin(a+b) = \sin a \cos b + \cos a \sin b$;

$\sin(a-b) = \sin a \cos b - \cos a \sin b.$

$\tan(a+b) = \dfrac{\tan a + \tan b}{1 - \tan a \tan b}$;

$\tan(a-b) = \dfrac{\tan a - \tan b}{1 + \tan a \tan b}.$

$\cos 2a = \cos^2 a - \sin^2 a = 2\cos^2 a - 1 = 1 - 2\sin^2 a$.

$\sin 2a = 2\sin a \cos a$.

$\cos^2 a = \frac{1}{2}(1 + \cos 2a)$; $\sin^2 a = \frac{1}{2}(1 - \cos 2a)$.

Formules de transformation (spécialité)

$\cos a \cos b = \frac{1}{2}[\cos(a+b) + \cos(a-b)]$.

$\sin a \sin b = \frac{1}{2}[\cos(a-b) - \cos(a+b)]$.

$\sin a \cos b = \frac{1}{2}[\sin(a+b) + \sin(a-b)]$.

$\cos p + \cos q = 2\cos\frac{p+q}{2}\cos\frac{p-q}{2}$.

$\cos p - \cos q = -2\sin\frac{p+q}{2}\sin\frac{p-q}{2}$.

$\sin p + \sin q = 2\sin\frac{p+q}{2}\cos\frac{p-q}{2}$.

$\sin p - \sin q = 2\sin\frac{p-q}{2}\cos\frac{p+q}{2}$.

Valeurs remarquables

	0	$\frac{\pi}{6}$	$\frac{\pi}{4}$	$\frac{\pi}{3}$	$\frac{\pi}{2}$	π
sin	0	$\frac{1}{2}$	$\frac{\sqrt{2}}{2}$	$\frac{\sqrt{3}}{2}$	1	0
cos	1	$\frac{\sqrt{3}}{2}$	$\frac{\sqrt{2}}{2}$	$\frac{1}{2}$	0	-1
tan	0	$\frac{\sqrt{3}}{3}$	1	$\sqrt{3}$		0

Formule de Moivre et applications

Pour tout entier naturel non nul n, $(e^{i\theta})^n = e^{in\theta}$; soit encore :

$(\cos\theta + i\sin\theta)^n = \cos n\theta + i\sin n\theta$.

Racines n-ièmes de l'unité (spécialité)

$u_k = e^{i\frac{2k\pi}{n}}$, où $k = 0, 1, 2, \ldots, n-1$.

Les solutions de $z^n = a$, où $a = \rho e^{i\alpha}$, sont

$z_k = z_o u_k$, où $z_0 = \rho^{\frac{1}{n}} e^{i\frac{\alpha}{n}}$.

D – Équation du second degré

Soient a, b, c des nombres réels, $a \neq 0$, et $\Delta = b^2 - 4ac$.

L'équation $az^2 + bz + c = 0$ admet :

– si $\Delta > 0$, deux solutions réelles :

$$z_1 = \frac{-b+\sqrt{\Delta}}{2a} \text{ et } z_2 = \frac{-b-\sqrt{\Delta}}{2a},$$

– si $\Delta = 0$, une solution réelle double

$$z_1 = z_2 = -\frac{b}{2a},$$

– si $\Delta < 0$, deux solutions complexes conjuguées

$$z_1 = \frac{-b+i\sqrt{-\Delta}}{2a} \text{ et } z_2 = \frac{-b-i\sqrt{-\Delta}}{2a}.$$

Dans tous les cas : $az^2 + bz + c = a(z-z_1)(z-z_2)$;

$$z_1 + z_2 = -\frac{b}{a}, \quad z_1 z_2 = \frac{c}{a}.$$

E – Suites arithmétiques, suites géométriques

(Formules valables sur $\mathbb{C}$ et donc sur $\mathbb{R}$.)

Suites arithmétiques

Premier terme u_0 ; $u_{n+1} = u_n + a$; $u_n = u_0 + na$.

$$1 + 2 + \ldots + n = \frac{n(n+1)}{2}.$$

Suites géométriques

Premier terme u_0 ; $u_{n+1} = bu_n$; $u_n = u_0 + b^n$.

Si $b \neq 1$, $S_n = 1 + b + b^2 + \ldots + b^n = \frac{1-b^{n+1}}{1-b}$.

Si $b = 1$, $S_n = n + 1$.

Analyse

A – Propriétés algébriques des fonctions usuelles

1. Fonctions logarithme et exponentielle

$\ln x = \int_1^x \frac{\mathrm{d}t}{t} \quad (x > 0).$

$\ln 1 = 0.$

$\ln e = 1.$

$\ln ab = \ln a + \ln b.$

$\ln \frac{a}{b} = \ln a - \ln \mathrm{b}.$

$a^x = e^{x \ln a} \quad (a > 0).$

$\log x = \frac{\ln x}{\ln 10}.$

Si $x \in]-\infty, +\infty[$ et $y \in]0, +\infty[$,

$y = \exp x = e^x$ équivaut à $x = \ln y$.

$e^0 = 1.$

$e^{a+b} = e^a e^b.$

$e^{a-b} = \frac{e^a}{e^b}.$

$(e^a)^b = e^{ab}.$

$\ln a^x = x \ln a.$

$e^{(\alpha + i\beta)x} = e^{\alpha x} e^{i\beta x} = e^{\alpha x}(\cos \beta x + i \sin \beta x).$

2. Fonctions puissances

$x^\alpha = e^{\alpha \ln x} \quad (x > 0).$

$x^0 = 1.$

$x^{\alpha+\beta} = x^\alpha x^\beta.$

$x^{\alpha+\beta} = \frac{x^\alpha}{x^\beta}.$

$(x^\alpha)^\beta = x^{\alpha\beta}.$

Si $n \in \mathbb{N}^*$, $x \in [0, +\infty[$ et $y \in [0, +\infty[$,

$y = \sqrt[n]{x}$ équivaut à $x = y^n$.

B – Limites usuelles de fonctions et de suites

1. Fonctions

Comportement à l'infini

$\lim_{x \to +\infty} \ln x = +\infty.$

$\lim_{x \to +\infty} e^x = +\infty.$

$\lim_{x \to -\infty} e^x = 0.$

Si $\alpha > 0$, $\lim_{x \to +\infty} x^\alpha = +\infty$;

si $\alpha < 0$, $\lim_{x \to +\infty} x^\alpha = 0$.

Comportement à l'origine

$\lim_{x \to 0} \ln x = -\infty$.

Si $\alpha > 0$, $\lim_{x \to 0} x^{\alpha} = 0$;

si $\alpha < 0$, $\lim_{x \to 0} x^{\alpha} = +\infty$.

Croissances comparées à l'infini

$\lim_{x \to +\infty} \frac{e^x}{x} = +\infty$.

Si $\alpha > 0$, $\lim_{x \to +\infty} \frac{e^x}{x^{\alpha}} = +\infty$.

$\lim_{x \to -\infty} xe^x = 0$.

Si $\alpha > 0$, $\lim_{x \to +\infty} x^{\alpha}e^{-x} = 0$.

$\lim_{x \to +\infty} \frac{\ln x}{x} = 0$.

Si $\alpha > 0$, $\lim_{x \to +\infty} \frac{\ln x}{x^{\alpha}} = 0$.

Comportement à l'origine de ln $(1 + x)$, e^x, sin x, $(1 + x)^{\alpha}$

$\lim_{h \to 0} \frac{\ln (1 + h)}{h} = 1$.

$\lim_{h \to 0} \frac{e^h - 1}{h} = 1$.

$\lim_{h \to 0} \frac{\sin h}{h} = 1$.

$$\begin{cases} (1 + h)^{\alpha} = 1 + \alpha h + h\varepsilon (h) & (\alpha \neq 0) \\ \lim_{h \to 0} \varepsilon (h) = 0. \end{cases}$$

2. Suites

Si $\alpha > 0$, $\lim_{n \to +\infty} n^{\alpha} = +\infty$;

si $\alpha < 0$, $\lim_{n \to +\infty} n^{\alpha} = 0$.

Si $a > 1$, $\lim_{n \to +\infty} \alpha^n = +\infty$;

si $0 < a < 1$, $\lim_{n \to +\infty} a^n = 0$.

Si $\alpha > 0$ et $a > 1$, $\lim_{n \to +\infty} \frac{a^n}{n^{\alpha}} = +\infty$.

C – Dérivées et primitives

(Les formules ci-dessous peuvent servir à la fois pour calculer des dérivées et des primitives.)

1. Dérivées et primitives des fonctions usuelles

$f(x)$	$f'(x)$	Intervalle de validité
k	0	$]-\infty, +\infty[$
x	1	$]-\infty, +\infty[$
$x^n, n \in \mathbb{N}^*$	nx^{n-1}	$]-\infty, +\infty[$
$\frac{1}{x}$	$-\frac{1}{x^2}$	$]-\infty, 0[$ ou $]0, +\infty[$
$\frac{1}{x^n}, n \in \mathbb{N}^*$	$-\frac{n}{x^{n+1}}$	$]-\infty, 0[$ ou $]0, +\infty[$
$\sqrt{x}$	$\frac{1}{2\sqrt{x}}$	$]0, +\infty[$
$x^\alpha, \alpha \in \mathbb{R}$	$\alpha x^{\alpha-1}$	$]0, +\infty[$
$\ln x$	$\frac{1}{x}$	$]0, +\infty[$
e^x	e^x	$]-\infty, +\infty[$
$\cos x$	$-\sin x$	$]-\infty, +\infty[$
$\sin x$	$\cos x$	$]-\infty, +\infty[$
$e^{rx}, r + \alpha = i\beta$	re^{rx}	$]-\infty, +\infty[$

2. Opérations sur les dérivées

$(u+v)' = u' + v'$. $\quad (v \circ u)' = (v' \circ u)u'$.

$(ku)' = ku'$. $\quad (e^u)' = e^u u'$.

$(uv)' = u'v + uv'$. $\quad (\ln u)' = \frac{u'}{u}$, u à valeurs strictement positives.

$$\left(\frac{1}{u}\right)' = -\frac{u'}{u^2}.$$

$$\left(\frac{u}{v}\right)' = \frac{u'v - uv'}{v^2}. \qquad (u^{\alpha})' = \alpha u^{\alpha - 1}u'.$$

D – Calcul intégral

Formules fondamentales

Si F est une primitive de f, alors $\int_a^b f(t)\mathrm{d}t = \mathrm{F}(b) - \mathrm{F}(a)$.

Si $g(x) = \int_a^x f(t)\mathrm{d}t$, alors $g'(x) = f(x)$.

$$f(x) - f(a) = \int_a^x f'(t)\mathrm{d}t.$$

Formule de Chasles

$$\int_a^c f(t)\mathrm{d}t = \int_a^b f(t)\mathrm{d}t + \int_b^c f(t)\mathrm{d}t.$$

$$\int_b^a f(t)\mathrm{d}t = -\int_a^b f(t)\mathrm{d}t.$$

Linéarité

$$\int_a^b \left(\alpha f(t) + \beta g(t)\right)\mathrm{d}t = \alpha\int_a^b f(t)\mathrm{d}t + \beta\int_a^b g(t)\mathrm{d}t.$$

Positivité

Si $a \leqslant b$ et $f \geqslant 0$, alors $\int_a^b f(t)\mathrm{d}t \geqslant 0$.

Intégration d'une inégalité

Si $a \leqslant b$ et $f \leqslant g$, alors $\int_a^b f(t)\mathrm{d}t \leqslant \int_a^b g(t)\mathrm{d}t$.

Si $a \leqslant b$ et $m \leqslant f \leqslant \mathrm{M}$, alors $m(b-a) \leqslant \int_a^b f(t)\mathrm{d}t \leqslant \mathrm{M}(b-a)$.

Valeur moyenne de *f* sur [*a*, *b*] : $\dfrac{1}{b-a}\int_a^b f(t)\mathrm{d}t$.

Intégration par parties

$$\int_a^b u(t)v'(t)\mathrm{d}t = [u(t)v(t)]_a^b - \int_a^b u'(t)v(t)\mathrm{d}t.$$

E – Équations différentielles

Équations	Solutions sur $]-\infty, +\infty[$
$y' - ay = 0$	$f(x) = ke^{\alpha x}$
$y^n + ay' + by = 0$ équation caractéristique : $r^2 + ar + b = 0$ de discriminant Δ	• Si $\Delta = 0$, $f(x) = \lambda e^{r_1 x} + \mu e^{r_2 x}$, où r_1 et r_2 sont les racines de l'équation caractéristique ; • Si $\Delta = 0$, $f(x) = (\lambda x + \mu)e^{rx}$, où r est la racine double de l'équation caractéristique ; • Si $\Delta < 0$, $f(x) = (\lambda \cos \beta x + \mu \sin \beta x)e^{\alpha x}$, où $r_1 = \alpha + i\beta$ et $r_2 = \alpha - i\beta$ sont les racines complexes conjuguées de l'équation caractéristique.

N° de Projet 10040998 (I) 30 (OSBK 80)
DESK - Août 1997
Imprimé en France par Maury-Eurolivres S.A.
45300 Manchecourt